調布飛行場にならんだ独立飛行第十七中隊の百式二型司令部偵察機。昭和18年春の撮影。２機めの前方席と後方席のあいだに出た水滴状のポッドは、方向探知機アンテナのカバー。このころは、司偵の戦闘機化は考えおよばず、関東～伊豆七島の沿岸部の上空を警戒飛行するのが主任務であった。

(上)昭和19年の秋、中島飛行機・半田製作所で艦上偵察機「彩雲」一一型の生産にとりくむ工員と甲府高等女学校の動員生徒たち。(下)左翼にAN／APS-6のアンテナドームを付けたF6F-5N「ヘルキャット」。この第90夜戦飛行隊は米海軍3位の撃墜戦果をあげた。

NF文庫
ノンフィクション

新装版

空の技術

設計・生産・戦場の最前線に立つ

渡辺洋二

潮書房光人新社

空の技術——目次

坂戸飛行場における立川陸軍航空廠の「疾風」と女子挺身隊員。

空の技術

設計・生産・戦場の最前線に立つ

チーフデザイナーとの接点

――航空機設計者たちの素顔に触れて

人と機器材と燃料と施設が、あいまって紡《つむ》ぎ出す航空兵力。「人」は作る側と使う側に大別され、前者のトップに立つのが設計チームを率いるチーフデザイナーだ。軍用機の性能の優劣がどれほど戦局を左右するかを思えば、彼らが脳髄の中から全体像を絞り出す作業はまさしく戦争、と容易に納得できよう。

編集者時代を含む三一年（二〇〇四年の時点で）の取材・執筆期間に、七名のチーフデザイナーと接触できた。決して多い人数ではない。彼らに会うこと自体を第一義にせず、特定機材にまつわる記録を書くさい、必要に迫られ回想を尋ねようとしたからだ。

それぞれに得がたい存在感を有した方々の、全員が逝去された。ここに次席デザイナー二名を加えて、小難しい理屈はさておき、私が感じた人格のなにがしかをお伝えしてみたい。

川崎航空機

〔土井武夫氏〕

ドイツから招聘《しょうへい》のリヒャルト・フォークト技師のあとを継ぎ、一九三〇年代のなかばから川崎製機の大半を設計した大立者《おおだてもの》。

私が気力にあふれていたころ、三式戦闘機「飛燕」と二式複座戦闘機「屠龍」の開発・運用史をあいついで刊行したため、土井氏には二度の面談のほか、電話による取材をしばしばさせてもらった。その最初は一九八二年（昭和五十七年）十月、岐阜県の土井氏宅への訪問である。

大柄ではないが、恰幅《かっぷく》のいい和服姿。座敷に現われた氏には気取ったところがまったくなく、挨拶もそこそこに質問に移ることができた。それまでに航空雑誌、戦記雑誌にいくつも発表された氏の設計回想記と重複しないよう、三式戦の機体と動力についての不明な点をあげていった。四十余年の歳月が経過しても、自分が基盤を練り、設計をリードした機の構造や空力に関し、素人の問いに答えられないチーフデザイナーなどいるわけがない。土井氏の回答は速《すみ》やかだった。しかも、その回想記に似て簡潔明瞭で骨太な語り口。川崎機だがタッチしなかったキ四五、キ七八への批評も、率直で厭味《いやみ》がなかった。

「設計者には体力が不可欠」

「施設はアメリカに劣ったが、できる範囲でベストをつくすのが設計者」

「作りやすさを念頭に置き、直線を多用した」

どれも前向きな、味わい深い言葉である。

さらに感銘を受けたのは、キ四五改、キ六一の軍側のテストを担当した陸軍航空審査部部員・荒蒔義次《あらまきよしつぐ》少佐への感想だ。

「荒蒔さんは飛ぶだけでなく、技術面の批判も非常に的確。本当にお世話になり、いろいろ教えてもらいました」

パイロットをこれほどに尊敬するチーフデザイナーを、私は知らない。それは取りも直さず、土井氏の器の大きさを示すものにほかならない。

川崎・土井武夫技師(昭和5年4月)。

戦時中の氏の写真は岐阜空襲時に焼けてしまった。かわりに見せてもらったのは、試作機や生産過程を写した多数のガラス原板だ。敗戦直後、職員が焼こうとしているのを止めさせ、自転車の荷台に積んで持ち帰ったという。

何枚かは割れて、セロハンテープでつないであった。借りていった者が郵便で送り返したから、と土井氏はわずかに顔をくもらせた。薄いガラス板なのに、郵便で返却とは！

私の二度目の訪問は、この原板一〇枚ほどを手わたしで返すのが、第一の目的だった。一九八三年十二月に拙著『双発戦闘機・屠龍』が刊行され、贈呈したら、翌年の賀状に「感無量でした」と添え書きがあった。それまでまとまって紹介されたことがなかった二式複戦の広範な活動を知り、感慨を新たにされたのだろう。

未熟児的な扱いのまま五式戦に移行したキ六一－Ⅱおよび Ⅱ改は、航空審査部の空中勤務者たちに「最良のB－29邀撃機《ようげき》」と高く評価され、土井氏の設計コンセプトの正しさが立証された。それをぜひ伝えたかったが、航空雑誌に『奮迅！審査部戦闘隊』の連載が始まって半年後、まだ筆が同機の登場部分に至らないうちに亡くなられた。

〔大和田信《しん》氏〕

知る人ぞ知る、キ四八（九九式双軽爆撃機）およびキ六一の土井チーム設計補佐。キ四五改の主翼がキ四八の相似形なので、著作『屠龍』の取材中の一九八三年六月に、電話で不明点を質問した。いかにも理系の秀才らしい冷静な話しぶりによって、翼の特性を教えられた。お礼に近刊の『液冷戦闘機・飛燕』を送ったら、キ四八の主翼の論文を添えた手紙が届いた。文中に「資料提供者のミスと思われるところが見受けられます」とあり、拙著の記述が事実と異なるとの指摘がなされていた。

キ六一通算十三号機の横開き式風防が飛行中につぶれて凹《へこ》み、操縦席の荒蒔少佐は押しこめられて計器すら見られない姿勢になった。しかし辣腕《らつわん》の少佐は、なんとか一部の計器を読んで、無事に盲目着陸。やってきた大和田技師をどなりつけた、という部分がそれだ。これは荒蒔氏の回想で、土井氏も否定していない（現場に居合わせた整備班の将校、佐浦祐吉氏ものちに、そのとおりだった旨を証言）。

　まもなく『屠龍』の執筆に没頭した私は、どこが事実と違うのかを大和田氏に尋ね忘れてしまった。うかつにも一五年をへて、三度目の『飛燕』の改訂の折にようやくこれを思い出したけれども、すでに連絡不可能で、なす術はなくなっていた。

川崎・大和田信技師（昭和12年6月）。

　誰の記憶にも誤りの可能性はあって、大和田氏の指摘が正確とは言いきれない。だが、どんな内容だったのか教えてもらわなかった怠慢を、いまも思い出すつど悔やんでいる。

〔井町勇氏〕

　大和田氏の私への手紙に「すごい学者です」と書かしめた人物。土井氏と同い年だが、川崎入社は二年おそい。

土井氏と同じ地域に住んでいた井町氏にも、二度会った。一度目は一九七四年末。研三と呼ばれた速度研究機キ七八の取材で、飛行機雑誌の編集部員だった私は、直接取材による初めての航空史記事を書くため意気ごんでいた。

井町技師が設計主務を務めたのはキ七八のほか、キ三八（双発複戦の研究計画）、キ四五、キ一〇八と、いずれも研究色が強い。一九四三年の夏には川崎を退社して顧問に変わり、大学教授に就任した。

第一印象はまさに老学究。土井氏の迫力とは対照的に、落ち着ききった静かな語り口だった。だが寡黙ではなく、新米記者が困らないように、さえない質問にも、必要な事がらを平易に説明してくれた。

それから八年半、こんどは『屠龍』の刊行を前提に、キ四五について聞くために再訪した。ちょっと驚いたのは、キ七八のときの面談を井町氏がすっかり忘れていたことだ。氏の印象に残らないほど貧しい質問だったからか、あるいは老齢のなせる業なのか。両方だったかも知れない。

川崎および陸軍航空のどちらにもそれなりに知識を増していたので、初対面のときよりはスムーズに取材が進んだ。軍にとっても未知数の双発複戦を、主翼への試作空冷エンジン装備、引き込み脚など川崎初の仕様でまとめる苦心を、淡々と語った。土井氏が「とても無理」と即断した八二〇馬力双発での五四〇キロ／時の要求値を、「設計をうまくやれば出せるはず」と回想するのは、いかにも学者的設計者だった。

キ四五関係の写真を希望したところ、それが、とつぶやきつつアルバムを出してくれた。開いて唖然とした。どのページも無残に剝《は》がされて、残っているのは誌面に使いにくい、さえない画像のものがごくわずかだけ。

「持っていったまま返してくれないんですよ」と井町氏は言った。「だいぶ前になりますが」。剝がされたキ四五試作各機の写真を掲載した一九六〇年代の雑誌や、日本機をメーカーごとにまとめた叢書《そうしょ》が、すぐ頭に浮かんだ。そしてその写真を所持し、あちこちに有償貸与している人物の名も。

取り返しましょうか、の問いに、氏の熱意ある依頼が返ってこなかった。物への執着心が薄れたのか、理由はいまも定かでないが、キ四五の字を見るたびにあのアルバムが思い出される。

川崎・井町勇技師(昭和5年4月)。

三菱重工業〔堀越二郎氏〕

三菱・堀越二郎技師（昭和16年７月）。

日本でもっとも高名と誰もが認めるこの設計者に、取材したことはない。生存中に零戦や九六式艦上戦闘機の本を書かなかったから。

偶然に出会ったのは一九七五〜七六年のころだ。勤めていた航空雑誌社の小さなビルを出てすぐ、一緒だったイラストレイターの渡部利久氏が「あっ堀越さんだ！」と小さく叫んだ。

すぐ向こうから長身の年配者が歩いてくる。渡部氏があいさつすると、堀越氏も思い出したらしく、言葉のやりとりがあった。堀越氏は共著『零戦』の改訂新版に添えた、渡部氏の解剖図を高く評価していたからだ。

私も勤務する雑誌の名を告げたが、それだけで終わった。零戦の設計主務者に会えたという感激は、元来そうした性分ではないので湧き上がらず、氏の予想外の長身がいちばんの驚きだった。

逝去から二年たった一九八四年二月、『局地戦闘機・雷電』の取材で都内の堀越家を訪ねた。いまだ「堀越二郎」の表札が門に掲げられていた。

夫人が体調不良なので、息女が相手をしてくれた。「テニス、ゴルフが好きで上手でしたが、最大の趣味が飛行機。設計作業の時期には子供の泣き声も気にするほどの、厳密に打ちこむ性格だった、と母から聞いています」

戦前、戦中の立場、名声に比し、戦後の状況はパッとしなかった。その原因が飛行機設計に没入しがちな、いわゆる対人的配慮の拙《つたな》さにあったような気がする。かつて路上でごく短時間、立ち話したときにも、そうしたムードを嗅《か》ぎ取ったことを思い出した。抜群の設計能力と偉大な実績への尊敬は、いささかも損なわれはしなかったけれども。

〔曽根嘉年《よしとし》氏〕

やはり『雷電』の取材で、一九八四年の早春に勤務先で面談させてもらった。一九三三年に入社したとき、堀越技師の処女作たる七試艦戦が終わって、九試単戦にかかる前だった。九試で末席技師として堀越チームに参入し、十二試艦戦で係長、十四試局戦および十七試艦戦で課長付（一時は課長代理）、そして「烈風」の発達型に取り組んでいた敗戦の年の春に第二設計課長の辞令を受けた。

曽根氏も堀越氏に劣らぬ背の高さだった。もし戦前に世界設計者会議のような集いがあったなら、堀越・曽根コンビは、サミットでいつも味わわされる日本の体格的劣等意識とは無縁の、堂々たる存在感を発揮できただろう。

三菱・曽根嘉年技師(昭和15年)。

二時間余にわたって曽根氏はフランクに答えてくれた。語彙《ごい》が豊富で表現に富み、原本資料も手わたされ、期待以上の収穫を得られた。こうした対応の過半は、氏の人間性に根ざしているように思われた。大会社のトップの椅子に座るだけの特質と人望を備えていたわけである。

十二試艦戦から敗戦までの八年間、堀越技師のサブを務め続けた。したがって、六年先輩の看板技師の仕事面での性格、人格を、曽根氏ほど熟知している者はいないだろう。筆が立つ氏が、零戦の設計記を忌憚《きたん》のない言葉で綴ってくれれば、すばらしい読み物になるに違いない。

面談中に「ぜひ長編手記をご執筆願えませんか」と問い、資料返却のさいの礼状にも書き添えたが、ついに実現しないまま二〇〇三年に鬼籍に入られた。

中島飛行機

〔中村勝治《かつじ》氏〕

東大航空学科を卒業し、一九三三年に三菱入社の曽根技師、三五年に川崎入社の大和田技師はそれぞれ、堀越チームおよび土井チームの次席のままで敗戦を迎えた。それに比べて一九三四年に中島に入った中村技師は、当初からチーフの道を歩む。大立者が実務の指揮をとるかたちではなかったからで、気骨に富んだ技術者には好ましい環境と言うべきだろう。

DC－2のライセンス生産の設計部主任を入社後まもなく命じられ、ついで海軍の十試艦上攻撃機、十三試双発陸上戦闘機、十八試局地戦闘機と、いずれも担任技師（設計主務者）を務める。

中島・中村勝治技師(昭和12年春)。

『夜間戦闘機・月光』執筆のため、都区内のお宅を訪問したのは一九八三年三月。品のいい溌剌《はつらつ》さで十三試双戦を語ってもらえ、手がけた三機種のうち、いちばんの難物だった理由がよく理解できた。無茶な要求性能をいろいろ提示され、奇妙な兵装を押し付けられて「懲《こ》りました。飛行機は目標を一つに絞らねば。天雷（十八試局戦）のときはこちらから強く発言し、要求を容れてもらいました」。

気力に富んだ中村技師も、病気で二度倒

れた。堀越技師の同様例と合わせて、設計作業の過酷が並大抵ではないと知らされた。

贈呈した『月光』の感想文を、中村氏は律義に送ってきてくれた。「私も大野君もなかなかハンサムですね」。掲載したポートレートへのコメントに、技術者には珍しくいささか色気が感じられ、なんとなくいいなと思ったものだ。

中島・大野和男技師(昭和18年春)。

〔大野和男氏〕

中村技師の二度の病欠時のピンチヒッター。中村氏から住所を教えられたが、北海道までおもむく時間がなく、翌四月、十三試双戦／「月光」について電話で教えを乞うた。「私は航空学科じゃなくて、もともとは建築屋なんです」。受話器を介した冒頭の言葉にびっくりした。文科系なら、民俗学専攻が西洋史をやるような具合ではないか。

年齢も学年も中村氏より二つ上。大学院に残って、逆に二年遅れで入社、材料検査部に所属したところが、本人が望みもしないのに設計部へコンバートされる、いかにも中島的な驚異的異動である。

大学では船の力学の講義を聴いただけの大野技師だが、にわか勉強と持ち前の勘を働かせ、みごとに十三試双戦と「天雷」の設計・試作の後半をやってのけた。単なる学究肌の秀才では、こんな真似は難しかろう。

話ぶりはハキハキして明瞭だった。戦後、長らく大学で教鞭をとられたそうで、学生に慕われたに違いないと想像できた。

亡くなられたあとで『月光』を読んだ教え子の方がくれた手紙に、案の定、名教授だった旨がしたためてあった。そして、こうも書かれていた。「ご生前に設計者時代の思い出をうかがっておかなかったのが残念です」

それは私にとっても同感だった。目先の仕事に振りまわされて、「天雷」に関して尋ねたい不明点を残したままだったから。

航空研究所

〔山本峰雄氏〕

合計一二〇〇名に及ぶ私の被取材者の、第一号。それだけでも無条件に忘れ難く、感謝の念を抱く存在なのだが、いくつもの出来事が絡《から》まって、いっそう思い出が深い。

東大航空研究所の幹部のひとり、キ七八／速度研究機・研三の主任設計者である山本氏については、短編集の後記に二度書いた。ここでは重複しないように述べておく。

航研・山本峰雄所員（昭和19年１月）。

住居を訪問したのは一九七四年十一月。歩行が不自由で車椅子に座ったままの山本氏だが、頭脳はまったく健全だった。ヒヨコ記者（私）の愚問は笑いを浴びせられず、まじめに分かりやすく教示してもらえた。

航研といえば、誰でも長距離飛行記録の航研機を思い浮かべる。私も質問の合間に言及し、木村秀政氏の名をあげた。すると山本氏の顔がかすかにこわばり、「木村君は脚をやっただけだよ。それもちゃんと引き込まなかった」と言った。

木村氏は戦後マスコミに名が売れて、折にふれて航研機についての原稿を書き、あるいは記事に登場する。だが戦前〜戦中、航研での格は山本所員が確実に上で、主翼の構造、燃料タンク、主脚カバーを担当した。航研機イコール木村氏という誤った風潮（木村氏がそう仕組んだわけではないが）が、面白いはずはない。

山本氏は戦後、航空学関係の本を出していたが、一九七〇年代に入ってからの出版活動はほとんどなかったようだ。雑談に移って著作の話題になったとき、「君のところでヘリコプターの本を出しませんか」と笑顔で問われた。

氏の既刊本の記述内容がどんなものか知らなかったが、一般の飛行機ファンに安直には売れまいとは想像できた。発足後半年あまりの非力な雑誌社が刊行できるか否か、ヒヨコでも分かる。返答をはぐらかす辛さを、社会人になって初めて味わった。

航空技術廠

〔鶴野正敬《まさよし》氏〕

キテレツながら高性能を思わせる形状ゆえに、ほとんど実績がないくせに人気が高い十八試局戦「震電」のチーフデザイナー。操縦もこなす異色の技術士官だった元・海軍航空技術廠飛行機部部員に、都内のセメント会社の一室で一九七六年二月に会った。

空技廠・鶴野正敬技術大尉(昭和17年)。

作業服を着、変哲もない革鞄を持って部屋に入ってきた姿は、どこにでもいるただのオッサン。しかし話し出すと印象は一変した。眼光が並でなく、充分すぎる存在感があった。談話も直截《ちょくせつ》で、いま思えば土井武夫氏に似たムードか。

「年ごろの娘がいる下宿で、風呂上がりに

下着姿で歩きまわる」「満員バスが下車する停留所に近づくと、大声で『降りまーす！』と叫ぶ」。いっしょに作業した九州飛行機の技術者だった人々の証言が、ストレートに納得できる感じだった。

一九三九年の東大航空学科卒だから、本稿に登場の九人のうちで最若年だ。取材時の氏と同年齢のいま（二〇〇四年）の私だが、人間的に遠く及ばない気がする。

記事を書くのに精一杯で、よけいな事がらには関心が行かず、掲載の増刊号が出てしばらくたって、ようやく腑に落ちない違和感を抱いた。それは、航空学を修めた工学博士が、なにゆえセメント会社に役員として勤めているのか、という点だ。

技術開発部でセメント製造の機械を設計したのでは、と考えついたが、あくまで推測にすぎない。日々の業務にかまけてしまい、はっきり問い合わせる機会を、とうとう得られなかった。

三型に携《たずさ》わって

――一式戦闘機「隼」の末期の生産、実戦と改造

陸軍機のうち、基本的に同一の機材が三型まで実用されたのは、一式戦闘機「隼《はやぶさ》」と百式司令部偵察機だけだ。改修をかさね長く用いられた理由は両機でやや異なるが、それだけの価値があったからにほかならない。

一式戦は零戦と同種の動力なのに、性能面で肩身の狭い時期が続いた。最後に意地を見せた三型を、それぞれ異なるかたちで深く付き合った三名の回想が浮き彫りにする。

動員学徒の場合

昭和十四年（一九三九年）、世界一周飛行に成功して、日本人の血をわかせたニッポン号。下采昇《しもうね》少年が飛行機に強い関心を抱いたのも、この壮挙がきっかけだった。軍を中心に日本の航空が、実力を躍進させていた時期だ。二年後に中学校へ進んだ彼の、飛行機熱が高まる

のは当然と言えよう。

人と物資の消耗戦に、兵器増産の困難が顕著化しつつあった十九年三月、中学三年以上の生徒、学生は四月から授業を停止し、通年（一年間）の学徒動員に服する、との閣議決定がなされた。日本大学付属第二中学校の四年生に進級した下釆生徒は、通年動員の対象である。

動員先の工場はさまざまだが、日大二中が荻窪《おぎくぼ》にあったためだろう、四年生五クラス・約二五〇名は、同じ中央線沿線の東京都下・立川町にある立川飛行機株式会社に決まった。労働は楽しくはないが、一般の軍需工場に比べれば、飛行機マニアにとっては「変なところへ行くよりはいい」（下釆氏）場所に思えた。

当時の従業員数は二万数千名。海軍御用達《ごようたし》の愛知航空機と同等の中規模会社だ。主生産施設たる立川製造所では、九五式一型中間練習機、九五式三型初歩練習機、九九式高等練習機の生産は終了し、一式双発高等練習機と、中島飛行機から製作転換の一式戦二型を生産中だった。

日大二中の四年生の仕事は、彼らが「隼」と呼んでいた一式戦の、主翼の組み立てと立飛《たちひ》側から伝えられた。

出勤は立川駅に集合し、中学ごとに二列縦隊で工場までの一〇分ほどの距離を、飛行場の高い塀に沿って行進する。塀の向こうから試運転の爆音が激しく響いてくる。飛行場入口での朝礼が午前七時三十五分で、これが実質の始業時間。退勤の夕礼は、月水金が午後四時十

立川飛行機の砂川工場で一式二型戦闘機の総組立が進む。立川工場で製造された主翼は、運搬車でここに運びこまれた。

五分、火木土日が六時十五分。日曜はたいてい休みだったが、十五～十六歳の少年たちにはかなりきつい就労条件だ。作業を終えると、また二列縦隊で駅へ向かう。

まず訓練場で、ヤスリがけやリベット打ちの練習を交代で行なった。実際の作業は、工員がリベットを打つさいに、裏側から鉄塊の当て板《ばん》をあてることから始まった。治具上に前縁を下にして立てた三本の桁が主体のベースに、小骨《こぼね》（リブ）を配し、縦通材を組み付ける。やがて外板をリベットで張るところまでこなすようになった。

桁三本に多くの小骨と縦通材。下采生徒が抱いた「骨だらけの主翼だなあ」という感想のとおりだった。棟内に組み立て中の主翼が七～八機分、翼一枚に一〇名ほどが取りつく。フラップを組み付けて、工員が作動テスト。最後に翼端を装着し、完成した主翼を台車に載せて、隣接する砂川村側の工場へ押していった。

本来、立川町側は試作工場である。例外的な主翼を除き、一式戦の量産は砂川村側の棟で行なわれていて、同級生の一部が配置された。総組み立て工場内には四〜五列の組み立てラインが設けられ、日の丸と黄の前縁識別帯、機首上面の防眩塗装が施されてあった。

働くうちに「隼」がキ四三で「よんさん」と呼ばれること、その二型から三型甲に生産が移行したことを貼り紙で知った。ただし主翼はまったく同じものだった。

クラスに三〜四名は飛行機マニアがいて、ある日その一人が「『おつ』のプロペラは緑だよ」と言った。試作の三型乙を目ざとく見つけた彼は、甲の褐色の先細ペラと違って、灰色がかった緑色の先太のペラを付けていたことを説明した。そのうちに、甲の完成機のペラも緑灰色の先太タイプに変わった。

三型完成機の目立った変化は、外形よりも塗装だ。無塗装の二型は末期分（集合排気管を単排気管に変えた、いわゆる二型改）に濃緑の迷彩がなされたが、これが黄土色に黒を混ぜたような、表現しにくい冴《さ》えない暗色に変わった。特攻攻撃が新聞報道されると「自分たちは特攻機を作っている」との認識が芽ばえた。

彼らの棟の半分は木工施設で、境界部分に無塗装のキ八四増加試作機が一機、置いてあった。立飛設計の木製機キ一〇六の参考用に、外せる部品はすべて外されていた。

冷暖房など無論ないし、二十年に入ってからは二四時間勤務（翌日は休み）があって参ったが、下釆生徒は作業がとくに厳しいとは思わなかった。合間を見て飛行場へ行くと、「よんさん」の試運転、テスト飛行のほか、百式重爆撃機「呑龍《どんりゅう》」、二式戦闘機「鍾《しょう》（鍾でな

1年近い学徒動員を終えた昭和20年3月、日本大学付属第二中学校にもどった4年生の一部。後ろから3列目、左から7人目の長身が下采昇生徒。

く）馗《き》」、「新司偵」と呼んだ百式司偵もいて、胸が躍った。昼食は大豆飯の弁当。ときには特配の食券で工員食堂の粗末な食事をとった。いつも空腹だったが、皆も同じなので我慢できた。

押される一方の戦局ゆえ、勝てるとは思えなかった。夜間に超低空来襲のB－29の巨体を見、敵戦闘機の銃撃を駐機場で食い五～六機焼かれた「よんさん」も見た。昼間爆撃を受け、友人が伏せて「助けてくれーっ」と悲鳴を上げたとき、下采生徒が見つめていたB－29が水平スピンに入って墜落。数キロ先の現場に駆けつけて、くすぶる機体とクルーの遺体を目撃したこともあった。

立飛で一年近く作業した二十年三月、大学予科へ進学のため動員が終わった。やれやれという気持ちと、飛行機が見られなくなる残念さが、彼の胸中に混在した。

十九年度の立飛における一式戦の生産は一七九〇機。「たいして役に立ちませんでした」と下采氏は話すが、この数字に日大二中生たちの努力が含まれているのは間違いない。

操縦者の場合

航空士官学校の五十四期生を卒業した竹村鉩二《しようじ》中尉の初戦果は、湖南省長沙上空での中国空軍・ツポレフSB《エスベー》双発爆撃機の単独撃墜。昭和十七年一月、飛行第五十四戦隊の第三中隊に所属していたときである。

五十四戦隊は機種改変が遅く、九七式戦闘機を一式戦に変える準備にかかったのが十八年一月で、選ばれて操縦法習得の未修訓練を受けに東京・福生《ふっさ》の航空審査部へ出向いた。ここで二型初期型に乗ったのが、彼の二年半にわたる「隼」(と呼んだ)搭乗の始まりだった。まもなく新編の六十三戦隊に転属。所属する一中隊だけが九月なかばに北海道から北千島へ移動する。係留の「隼」のプロペラが晩秋の強風で回り始め、一キロ先の高射砲陣地まで運ばれて引っくり返る、異様な光景に驚嘆した。

東部ニューギニアに進出した戦隊主力の消耗を受けて、二型後期型に改変ののち、十九年二月下旬にウエワクに到着。陸軍航空の墓場的状況を呈した戦場で、優勢な米陸軍戦闘機・P－38FおよびH「ライトニング」、P－47D「サンダーボルト」を相手にした。

敵襲に備えてすぐに発進できるように、竹村中尉はいつも主翼の下で待機し、食事もそこに運ばせた。空中勤務者の規範たるべく、つねに真っ先に離陸した。

一撃離脱に徹するP-38には、低速の「隼」では追いつけない。戦意旺盛で格闘戦にも向かってくるP-47と主に戦い、竹村大尉は進級直後の三月上旬～中旬に撃墜二機、撃破一機を記録するが、大尉も被弾、火傷《やけど》を負って落下傘降下で生きのびた。巨牛のごときP-47に一二・七ミリ機関砲二門で致命傷を与えるのは難しく、「着陸時以外はまったく使わない空戦フラップなんかいらない。二〇ミリ砲がほしい」と痛感した。

重傷の身ながら幸いにも、ウエワクからホランジア、ついでマニラへと、断末魔の戦線からきわどく脱出でき、東京の日赤病院と箱根の温泉療養で健康を回復。十二月下旬に明野教導飛行師団へ赴任する。

明野では二十年一月早々から「隼」三型の飛行訓練を開始。第一教導飛行隊教官のほか、指揮官

20年3月、明野教導飛行師団の教官たちと一式三型戦闘機。後ろ、右から2人目の竹村鉄二大尉は、被弾し重傷を負いはしたが、火傷が癒えて、自在に飛べるまでに回復していた。

教育を受ける甲種学生、それに防空任務の、三足の草鞋《わらじ》を履《は》いた。

防空すなわち高高度来襲のB－29邀撃《ようげき》は教官、助教が担当し、乗機には「隼」三型と四式戦（「疾風《はやて》」とは呼ばず）が用いられた。初回は四式戦で上がった竹村大尉だが、高度九〇〇〇メートルでアップアップ。ちょっと機を傾けると一〇〇〇メートルほども滑り落ちてしまう。そこで四式戦は中高度用と決めて、以後はもっぱら「隼」に搭乗した。

重量と速度が増えた三型は、二型よりもいくらか重戦的な操舵感覚があった。しかし四式戦に比べれば翼面荷重は三分の二にすぎず、エンジンが健全な出力を維持できれば、高度一万五〇〇〇メートルでも舵が効き、五機編隊の飛行が可能だった。名古屋から琵琶湖上空まで一〇分近くかかるが、逆コースだと偏西風に運ばれアッという間に着くことも知った。残念にも敵と空域がずれて、超重爆に一撃を加える機会は訪れなかった。

四月末には明野教飛師・第四教導飛行隊（旧・高松分教所。七月十六日に編成の浜松の第四教導飛行隊とは別組織）に転属し、大阪・佐野沖で三型の翼下に発射筒を付け、舟艇攻撃用のロ三弾（ロケット弾）を放つ訓練を実施した。

終戦時は千葉県松戸飛行場で、飛行第十八戦隊の飛行隊長として、敵の本土上陸時に全滅する覚悟で待機。配備の五式戦闘機はさすがに武装も上昇力もすばらしく、諸性能の調和がとれ、「隼」三型より格上と認め得たが、とにかく出現時期が遅すぎた。

技術者の場合

横浜高等工業学校の建築科だが、航空科の講義もずいぶん受けて昭和十六年三月に卒業した高仲顯《たかなかあきら》青年は、飛行機が好きなのと東京育ちなので、立飛を選んで就職した。技術部に入って一ヵ月後の五月上旬、以前に合格していた海軍の第四期飛行機整備科予備学生に採用されて入隊。横須賀航空隊で訓練を受け、翌十七年四月下旬に予備機関少尉に任官して、そのまま横空で艦上爆撃機分隊の整備分隊士を務めた。

当時、横空艦爆分隊は十三試艦爆（のちの「彗星」）の実用テスト中。九九式艦爆のテストも続いており、試飛行のさいにしばしば同乗した。不安定な飛行や降下爆撃の機動でも吐くことはなく、高仲予備少尉は自身が乗り物酔いに強いのを知った。

六月に大村空へ転勤し、多忙・過労な勤務をこなしていた十月、横須賀鎮守府付の辞令が出た。横鎮付とは艤装中の空母の乗組員になるのかと考えたが、意外にも召集解除が伝えられた。

四期整予出身四七名のうち五名が、入隊前の勤務先にもどるのだ。いずれも飛行機会社で、技術者不足への対応策だったと思われる。立飛への復帰は彼と正木利信予備少尉の二人だった。召集解除と知ったとき高仲予備少尉は、なぜかは分からないがホッとした。

「よくもどってきたね」の言葉に迎えられ、技術部に復帰した彼の肩書きは、少尉から技師補に変わった。

まずモックアップを製作中の輸送機、キ九二の開発に加わった。天皇専用機の内装を任され、高高度飛行のための二重窓、機内照明に蛍光灯の採用などを進言して採用された。当時は一般の使用例がめったにない蛍光灯の着想は、潜水艦への装備を知っていたからで、海軍の経験が役立ったわけだ。

キ八四を木製化したキ一〇六では、機首武装を主に受け持った。キ八四と同じく機首の側面から入れる方式の弾倉を、改良型では強度面で有利なように、下面からの挿入に変えたのは高仲技師補のアイディアである。

陸軍航空本部は十九年十月に「キ四三はホ五装備だけを促進する」旨の審査要領を出した。一式戦へのホ五、つまり二〇ミリ機関砲の装備は、東部ニューギニアで竹村大尉が渇望したものだ。これは立飛の後藤伸明技師が発案して、航本へ進言したのが発端という。事実、航本の審査要領が出た時点で、左記のように作業が進んでいた。

一式三型戦闘機（甲型）／キ四三－Ⅲ甲の機首にホ五を積む改修設計は、担当の武藤武技師が病没したため、キ一〇六での経験があるからと、お鉢が高仲技師補にまわってきた。一部分ではあるが、初めての設計主務だ。「やるしかない」の覚悟で機関砲と機首部を見直したら、こなせそうに思えた。

一二・七ミリ機関砲ホ一〇三に比べ、同じブローニング式機構のホ五の全長は約二〇センチ長い。そこでエンジンベッドを一二七ミリ延長して砲を内蔵し、大型化した本体を長いカ

立川飛行機の技術者たち。右から二十代なかばの若き高仲顕技師補（敗戦の直前に技師に昇進）、古館技手、キ92客室関係担当の太田矩正技師、ロ式B高高度研究機の立飛側の主務・速水栄一技師。

バーで覆う。カウリング上面の発射口も突出部をやめ、零戦のような抉《えぐ》った形に変えて、空気抵抗の減少を図った。審査部による図面審査にこぎつけたのは、十九年九月四日だ。

立飛技術部でのⅢ甲の呼び方は単に「よんさん」。武装強化型はⅢ乙なので「さんおつ」と称し、ときには「乙型」と言った。十二月に入って仕上がった「さんおつ」は、会社の釜田善治郎操縦士の手で初飛行。続いて航空審査部で空中性能の調査にかかる。審査部の飛行実験部戦闘隊における、キ四三－Ⅲの担当主任は老練・山下利男中尉だが、高仲氏が操縦者を准尉と記憶しているところから、四三の特殊装備をテストした島村三芳《みよし》准尉（本来は双発戦闘機を担当）だったかも知れない。

Ⅲ乙に乗った操縦者の技量はきわめて高い、と高仲技師補は感じていた。辣腕《らつわん》ぞろいの審査部飛行実験部のなかでは取り立てて目立たないが、山下中尉にしろ島村准尉にしろ、一般の平均的操縦者とは格段の差があった。操縦者の感想は「これ、なかな

ホ五20ミリ機関砲の装備をはかり延長された一式三型戦闘機（乙型）の機首（機関砲は未装備の状態）。カウリングの発射口の形状も変えた。改修状況を示すためカバーを外してある。

か突っ込みがいいよ」だった。

機関砲そのものだけでも二門で二八キロの増加だ。これに機首の延長ぶんが加わるから当然、機体の重量が増して降下が速い。高仲技師補と横浜高工で同期、飛行実験部エンジニア・パイロットの畑俊八《しゅんはち》技術大尉が加わって、Ⅲ乙とⅢ甲で空戦の機動性能も試された。畑技術大尉も「いいじゃないか」とほめてくれた。

Ⅲ甲の操縦席の後ろには防弾鋼板（Ⅱの途中から）のほか、メタノールタンクが付加されたため、重心点が後方へずれていた。これが機首部の重量増で相殺《そうさい》され、空力的バランスがよくなった。

抵抗減少と重量の均衡が、思いがけない効果をもたらした。速度テストで乙と甲を競わせたところ、それこそ〝甲乙つけがたい〟同等の数値が記録された。

「そんなはずはない。重い乙が遅いはずだ。不思議だ」と課長の品川信次郎技師を唸《うな》らせたほどである。

射撃テストも審査部で十二月に二度実施され、強度面やプロペラとの同調に異状は生じなかった。まぶしさが気がかりだった発射口の炎も、問題なし。発射音の間隔はあくが、一二・七ミリ砲に比べ響きに画然たる差が感じられた。

意外なほどの好成績を示し、高仲技師補の手腕をみごとに証明したⅢ乙だが、二つの理由で量産に移行しなかった。一つは、Ⅲ甲用のエンジン支持架が多量（一〇〇〇機分ともいわれる）に作ってあり、無駄にするわけにはいかない。もう一つは、重量増で上昇力と上昇限度はどうしても甲に劣るから、B-29の高高度邀撃に不利という点である。

だが、どちらも分かっていたことだ。航本は二〇ミリがほしくてⅢ乙をやらせたのではないか。「おかしいじゃないですか」。高仲技師補の言葉に、品川技師が「陸さんはいつもそうだよ」と応じた。

高仲技師補はその後、キ一〇六の完成に努力を傾注した。あるとき、Ⅲ乙が明野教飛師で実用実験に供され、B-29一機を撃破。敵は雲中に去った、との話を伝えられた。彼の脳裡を、労力と経費がなにがしか報われたような想いがよぎったという。

半田に青春ありき

――中島飛行機、海軍御用達《ごようたし》の製作所で働く

太田から小泉へ

名古屋とその周辺の中京地区は戦時中、航空工業の中心地と述べて過言ではなかった。昭和十八年（一九四三年）当時、三菱重工業と愛知航空機の機体とエンジン両部門の工場が名古屋市内に存在し、岐阜・各務原《かがみがはら》には川崎航空機の機体工場があった。これらはいずれも、各社の主力工場になっていた。すなわち実用機の機体生産数で二位～四位の会社の根拠地が中京というわけだ。

機体生産数で首位の中島飛行機（生産重量では三菱が首位）の主力工場は、機体用が群馬、エンジン用が東京に置かれていた。それらがよく知られるため影が薄いが、中島も十八年に中京地区で生産を開始する。

そもそも中島は陸軍機も海軍機も、群馬県の太田製作所で作っていた。これを分け、飛行場を挟むかたちで海軍専用の小泉製作所が竣工したのが十六年二月。といってもこの時点での全面移行は適《かな》わず、一年間は旧態を引きずった。

諏訪蚕糸学校を卒業し、十六年四月に太田製作所に入社した橋爪由守《よしもり》青年は、海軍設計部（第二設計部）動力課・発動機班勤務になった。エンジン周辺の図面関係の仕事だが、新人たちは午前中の四時間を製作所内の学校ですごし、社内の技師らから水力学、材料（強弱）学、機構学を半年のあいだ教えられた。

太田製作所の設計施設は、コンクリート造りの本館が陸軍機用、木造二階建てが海軍機用で、「陸海軍の仲の悪さを押し付けられたからでしょう、同じ中島の社員なのに、両方のスタッフは互いに話をせず、挨拶《あいさつ》もしなかった」と橋爪氏は記憶をたどる。

橋爪青年の入社から一年後に小泉製作所で試作機ができた十四試艦上攻撃機、すなわち「天山」に彼は関わった。当初の量産機一一型の中島「護《まもり》」は、振動が生じやすく、滑油もれが目立つ、不具合の多いエンジンで、ほかに装備する機もないため、一八〇〇馬力級まで強化された三菱「火星」二五型に換装。これにともなうカウリングや支持架、排気管などの変更と図面化が、発動機班に課せられた。

動力課は全力でこれに取り組んで、「火星」装備の「天山」一二型の完成に貢献。各課員は十八年の大晦日《おおみそか》に、小泉製作所長からそれぞれの個人名で表彰状を授与された。

橋爪課員はこのほかに翌十九年の早春にかけて、低質化する傾向の燃料対策に、緊急出力用の高オクタン価燃料を入れる容量一〇リットル未満の小型タンクを設計。わずかな空間を見出し防火壁に取り付ける功績を残した。

社命により彼が、新設の半田製作所へ赴任するのは、二十歳を迎えた十九年四月のことである。

飛行機工場に職を得る

航空兵力の優勢こそが勝利の要《かなめ》であることは、開戦後すみやかに証明されていった。だが昭和十六年度（十六年四月〜十七年三月）の飛行機生産数は予定を下まわっており、陸海軍どちらの航空本部も機材の充足に熱を上げた。これを受けて、航空工業各社の大規模な工場の新設が始まった。

中島は十七年中に五ヵ所で製作所／工場の建設に着手する。機体が二ヵ所、装備品が一ヵ所、エンジンが二ヵ所で、そのうち最大規模の半田製作所は海軍御用達。愛知県知多半島の付け根、半田市の乙川《おつかわ》地区に、六月に新設開始（中島資料）、地鎮祭と起工式は八月二十日に催された（半田市資料）。工場、倉庫、飛行場、学校、病院など諸施設を合わせ、やがては三八〇万平方メートルの広大な敷地を用いる予定だった。

半田製作所の設置は十八年一月末だ。九五式水上偵察機、二式水上戦闘機の担任技師（設

入社後まもなくの谷川久明青年。中島の作業帽と制服を着用して撮影。

計主務者）で、小泉製作所の技師長だった三《み》竹《たけ》忍《しのぶ》氏が製作所長に任命された。三万五〇〇〇平方メートルの棟を含む新設の本工場のほかに、付近に存在した複数の紡績会社の工場を借り受け、分工場として使用。短時日で転用が利いたこれら既存施設が、生産の立ち上がりに少なからず寄与している。

生産の本格開始は十八年九月からといわれる。初号機完成は開戦記念日に合わせた十二月八日で、本工場内に招待された協力者たちの前で「天山」一二型が爆音をとどろかせた。

施設に劣らず必須なのが労働力である。本格操業が始まった九月の半田の従業員数は三三〇〇名あまり。この先、増員が不可欠なのは明らかだった。兵役が優先されるから若者の雇用は無理で、不急の職業の中年男子が徴用工として、赤紙ならぬ白紙《しろがみ》の通知令状で各地から集められた。

卒業したての未成年も、大きな労働力源と見なされた。

島根県の大田《おおだ》中学で滑空部に所属し、プライマリーを確実にこなした渡部《わたなべ》勇生徒は、五年生の十八年に、中島から中学に職員募集にきた同県人の説明を聞かされた。「半田製作所では付属専門学校をつくる予定」の言葉に、働きながら学べるならと就職を決めた。

入社後の教育システムは、太田製作所で橋爪青年が受けた方式の拡大版と言えよう。中島側の勧誘文句はホラではなく、中島高等航空学院の名称も決まっていたが、戦局の急速な悪化が実現をはばむ。

三ヵ月繰り上げで十二月に卒業した渡部青年は、翌十九年一月上旬に半田製作所に入社した。島根県から一三名、全国で二百数十名の、中等学校（中学および商業、工業、農業の各実業学校）を出た十八歳前後の若人が同期だった。工業学校卒業者だけが初任給が三円高い四五円なのは、製造会社ゆえである。

同期の一人、谷川久明青年は京都の四條商業学校を卒業まぎわに、学校の応接室で中島の社員から説明を受けた。そしてその場で採用決定を伝えられ、赴任旅費までもらっている。同校から入社したのは五名。「ほかにいい就職先《とこ》もなかったし。入社せず、前払いの旅費で汁粉をおごってくれたやつがいました」と谷川氏は笑う。

各課の側面

彼らは紡績会社の寮だった一色《いっしき》寮に入り、ついで中島が建てた一ノ草《いちのくさ》寮に移った。まず人事課員が、各々の出身校や希望を踏まえて、所属の課を決定する。電気、動力、組立、材料、

中島飛行機半田製作所で作られた「天山」一二型(左)と「彩雲」一一型。整備中なのか、どちらの機もスピナーがはずれている。昭和19年10月の情景。

熱処理などさまざまだ。

グライダーの飛行経験を持つ渡部青年は、操縦士になりたかったが、無論そんなコースなどないし、飛行試験課にしても縁なき存在だった。そこで、少しでも関わりがありそうな整備課を望んで容れられた。谷川青年も整備課を希望した。家業が自転車店なので、習い覚えた分解・組立が役立つかも、と思ったからだ。

彼らの勤務場所は整備工場。完成した全機を試飛行の前後に点検し、不具合を直す役目の部署である。

整備工場は社有の半田飛行場へ行く途中にあり、小規模な格納庫でもあった。

新人たちはハンマー、タガネでの鉄板切り、ヤスリがけなど、加工の初歩を一週間ほど習った。整備工場の人員は機体と動力に分かれ、ほかに三名ずつの燃料班と部品係があった。動力へは基礎知識を有する工業学校出が配され、渡部、谷川両青年は機体に所属した。

半田製作所の立ち上がり時期、昭和十九年一〜三月の生産は「天山」のみで、順に四機、六機、九機と少なく、したがって整備工場の人数も全部で四〇～五〇名といったところ。四月の三五機以降二桁に増え、六月には艦上偵察機「彩雲」一一型が加わって、十月には両機合計で初めて一〇〇機の大台を超える。動員学徒（後述）、挺身隊が参入し、増産にはげむからだ。

渡部課員は教本や取扱説明書を精読し、積極的に実地で学んで、整備能力を身に付けていった。彼が扱った機の大半は「天山」だが、試験飛行課にわたして試飛行を行ない、そのまいけるのは一〇機中二機ほど。

のちに整備訓練部隊の第二相模野《さがみの》航空隊から、高等科整備術練習生が実習に来て手伝った。

防寒用の帽子を被った渡部勇整備課員。担当機は「天山」が大半だった。

製作水準は一段と下がり、担当機が一発でパスしたら外出ＯＫの褒美《ほうび》だったというから、その低率さが分かろう。

「天山」を鈴鹿基地へ空輸するさい、渡部課員は三回ほど重石《おもし》がわりに電信席に同乗した。十月ごろ、空輸を終えて九〇式機上作業練習機での帰途に、伊勢湾上空で墜落し、からくも機首を上げて不時着水。やってきた漁船に全員が救われる、

テスト飛行の「天山」一二型が、製作所の東に隣接する半田飛行場に胴体着陸した。エンジンのトラブルらしくカウリングが焼けているのが分かる。

予想外の事故に遭《あ》っている。

谷川課員は整備工場の雑用にうんざりした。試運転時にもれて機体に付着する滑油をガソリンで拭いたり、嚙ませた車輪止めの上に載って機の前進を防いだり。プロペラの強風に人絹《じんけん》製の作業衣では身体が冷え、風邪を引きやすかった。

事務が適役と考えて、材料課長に転属を直談判《じかだんぱん》。課長は納得してくれたが、整備課長は「こんなやつは初めてだ」とあきれ、許さなかった。何度も交渉し、材料課長の口ぞえもあって、十九年四月に〝自発的異動〟に成功をみる。

材料課は約一〇〇名。滞りがちな資材や部品を生産・製造会社から入荷させ、流れ作業を止めないように用意するのが主要な任務である。中京地区は日帰り、京阪神は泊まりがけの出張になる。月に七〜八回、長いときには五〜六泊する部品集めの出張を、谷川課員は首尾よくこなし、急ぎの部品をリュックに二〇キロ詰めて持ち帰ったこともあった。

会社での食事はどうだったか。「初めは白米のときもあり、ちょっとした魚に味噌汁も付きましたが、次第に悪くなって、一年たったら雑炊だけ」が谷川氏の記憶だ。

四月に小泉から半田製作所に転勤した橋爪氏は、製図課員として作業にかかった。半田での生産に合わせて「天山」の図面の変更を行なうのである。二〇名弱の製図課は、紡績会社の工場を転用した山方《やまがた》工場の、事務所二階の設計室にあった。

「主食は玄米に大豆滓《かす》や芋を混ぜたもの。高粱《こうりゃん》飯も食べました」と言う橋爪氏は「下宿のとなりの肉屋のおこぼれ」で体力を維持した。

女学生も産業戦士に

戦争で不足する一方の労働人口の補充先は、必然的に年少者、女性へと向けられる。

開戦一ヵ月後に施行された学徒動員令は、戦局の激化とともに改定されていく。昭和十八年六月には、本土防衛用訓練と勤労動員（軍需工場での労働）が閣議決定。勤労動員が年間四ヵ月の継続実施に強化されたのが十九年一月で、二ヵ月後に通年（一年中）動員となり、学業は無視状態にいたる。動員学徒は国民学校高等科（旧・高等小学校）学童から大学生まで幅広いが、主体は中等学校生徒で、そのなかに中学の女子版たる高等女学校の生徒も含まれた。

半田製作所には一二都府県から、合計七〇校以上の生徒が派遣された。地元の愛知県を除

人絹の作業衣にゲタかゾウリをはいた甲府高等女学校生たちが葭野工場の空き地に集う。左の最後列から半身を出すのが初鹿野多寿子さん、その右の縦に３人ならんでいる中央が塩田かづ江さん、その下は山下ふささん。

けば、山梨県の九校が最多である。

その一校、甲府高等女学校の専攻科（第五学年）の生徒二〇名近くが、校長室に押しかけた。中等学校の通年動員が始まったとの報道を知った四月のことだ。「勉強しているときじゃない。お国のために、私たちもがんばりたい」と相談し合い闖入《ちんにゅう》した、十六歳の少女たち。組長（級長）の初鹿野《はじかの》多寿子《たすこ》さんらの「ぜひ動員に行かせて下さい」の言葉に、校長は考慮する旨を答えた。

塩田かづ江さんの従兄《いとこ》は甲飛予科練を出た搭乗員、山下ふささんの長兄は陸軍下士官操縦学生で殉職、次兄が海軍依託学生として大阪大学航空工学科に在学中。誰もが親族に軍人がいる時代だ。「国のために」は銃後の多くの人々に、共通の感情だった。

しかし彼女たちの行動とは関係なく、山

梨県の中等学校の動員派遣が決定。半田製作所へは七月中旬に五校の男子生徒が向かい、翌八月には四校の女学生が続く。

家族や教師たちに見送られた甲府高女・専攻科五二名の、甲府駅出発は八月八日。出征兵士と同じく生還を期しがたいと覚悟した塩田さんは、切った髪の毛にリボンを結んで、母親にわたしてきた。

半田製作所のために作られた乙川駅を降りた、彼女たちの目に映ったのは、古い落ち着いた町並みの甲府とは全く違う、殺伐とした工場の町だった。

C6《シーろく》と取り組んだ

各地からの高等女学校の生徒たちは平地《ひらち》寮に入れられた。十畳間がならんだ長屋状の建物が一〇棟ほど。各棟は「中隊」とも呼ばれ、甲府高女は山梨英和高女と同居し、第七中隊を構成した。一部屋を一〇名が使う。他校生とは挨拶ぐらいで、とくに交流はしなかった。

初めは小さな工場で、ハンマーにタガネ、万力、スパナ、エアハンマー、電気ドリルなどの扱いを工員に習い、穿孔《せんこう》（穴あけ）やリベット打ちを実習。乙女たちの細腕に、およそ不似合いな厳《いか》つい訓練である。

甲府高女の作業場は、紡績工場を転用した葭野《よしの》工場。その一棟で「彩雲」一一型の主翼を組み立てる仕事だった。機名のほか、略符号はC6、「カメラを積んで成層圏を飛ぶ、B-

紡績工場を転用して使用した葭野工場内で工員とともに「彩雲」の主翼組立に従事する甲府高女生たち。画面左の小骨がならんだ部分が外翼のインテグラルタンクである。柱が多く、飛行機の製造には不向きな施設だった。

29も追いつけない偵察機」と教えられた。「女性だけで翼を作る、重い責任を持ってもらいます」と言いわたされ、技術者たちから図面の見方の手ほどきを受けた。

治具に工員が組み付けた主桁、リブなど基幹の構造に、ドラム（滑車と呼んだ）、移送管、槓桿といった内装部品を取り付けたのち、外板をエアハンマーでリベット（と呼んだ）で打ち付ける。振動も音もすさまじいから、塩田さんたちは両足を踏んばって「ここを打とうね！」「よし、やろう！」と大声をかけ合って作業した。

孔を合わせて打ってもズレが出て、再穿孔し打ち直す。裏側の当て鉄《がね》と垂直でないとリベットは斜めになるから、ドリルでちぎり取って、これも打ち直しだ。いっしょに働く工員には年配の穏やかな者が配され、監督官の奥野純平技術大尉が好人物なのは、彼女らにとって大きな救いだった。それに、付き添

新品の機材が無為に失われてしまうケースは少なくない。エンストの「彩雲」一一型が滑空進入して左脚を折り、左翼とエンジンが壊れてしまった。

いの先生がいることも。

午前五時起床。洗顔して六時に点呼。外で体操と宮城遥《よう》拝《はい》を行ない、工場まで二〇分ほど歩いて八時に始業。昼食が十一時半で、終業は午後五時である。寮〜工場の往復には隊列を組み、学徒動員を歌った「ああ紅の血は燃ゆる」、予科練讃歌の「若鷲の歌」などを合唱した。

食事は、赤飯と間違えて皆が糠《ぬか》喜びした高粱飯とか雑炊が主食で、おかずは大根や青臭いピーマン、かぼちゃなどのゴッタ煮か、あるいは質素な汁のどちらか。うまいわけはないが、戦争なのだからという意識と空腹が、味覚を打ち負かした。おやつはなし。家から干し芋や蒸しパンが届くと、少量でも皆で分けあった。

月に一〜二回の公休日はたいてい洗濯にあてられるが、半田や常滑《とこなめ》の町へ出かけるときもあった。とぼしい品ぞろえの商店で福神漬けや歯磨き粉、草鞋《わらじ》、切手を買う。甲府では手に入らない七輪を見つけた初鹿野さんは、家を思い購《あがな》って送った。

寒い半田の冬を、暖まらない人絹の煎餅《せんべい》布団をかぶり、五部屋に一つしかない回し使いの火鉢で耐えた。こんな環境でありながら、山下さんの「不安は抱かず、まっしぐら。与えられたことを真剣にやろう」という気持ちに代表される、甲府高女の意識は高かった。

「彩雲」の量産は半田製作所が一手に引き受けた。昭和十九年六月に初号機が完成し、翌月からの月産は四機、八機、一九機と増えていく。前述のように、十月には「天山」の月産が最高の九〇機を記録し、「彩雲」の二五機と合わせて初めて一〇〇機を超えた。

人的な面をみると、十九年九月の半田の直接従業員数は一万一六〇〇名弱。このうち動員学徒と女子挺身隊（学業を終えた十四～二十五歳の無職の未婚女性）が、過半数の五四パーセントを占める。太田の一三パーセントはもとより、小泉の三四パーセントと比べても大幅に多い。だから、部隊へわたる「彩雲」と「天山」は、彼ら、彼女らの努力あればこそ、との言い方もできよう。

すさまじい揺れ

組立中の「彩雲」の主翼が、いきなり振れ出した。十二月七日の午後一時半すぎ。級友の樋口瀧子《たきこ》さんが打つリベットを、当て鉄で受けていた山下さんは思わず「翼を動かさないで下さい！」と周《まわ》りへ叫んだ。近くで作業していた初鹿野さんも「誰が揺らしているの？」と訝《いぶか》った。その直後、足元が動き、破壊音がとどろく。「地震だっ」と叫ぶ声。激しく揺れて、立っていられず、這《は》って外へ出た。

大きな揺れが来るや、橋爪製図課員らは山方工場の事務所の二階からかけ降り、中庭の立ち木にしがみついた。見るまに砂ぼこりで周囲が暗くなり、地面が割れて地下から水が噴き上がった。まるで地獄絵図だ、と驚愕《きょうがく》した橋爪課員だが、揺れが治まると救援に向かった。

紡績工場からの転用のうち最大で、おもに胴体を製造していた山方工場は、東南海地震で全壊し最多の死者を出した。広い空間を作るため支柱や隔壁を除去したのも一要因という。

材料課の建物は、床が盛り上がった。幅二〇～三〇センチの地割れ、ジワジワ湧き出す水を谷川課員は見た。埋立地ゆえの液状化現象である。立っても転ぶだけ。防空壕をおおう土盛りの上に這い上がり、揺り落とされてはまた這い上がった。かつての同僚、渡部整備課員は公休で下宿にいて無事だった。

元紡績工場は空間を広げる改修によって、耐震強度がいっそう劣り、損害がめだった。葭野工場は屋根が落ちて、煙突も倒れた。製作中の「彩雲」の主翼は潰されてしまい、残念で泣いた。自分の責任のような気になって、塩田さんは「とんでもないこと、しちゃったねえ」と胸を痛めた。

甲府高女は死傷者を出さなかったが、葭野工場全体では二〇名以上が死亡。半田製作所は合計一五三名の犠牲者を出し、うち九六名が中等学校と国民学校からの、十代の動員学徒だった。

関東大震災を上まわるマグニチュード8の、この東南海地震は愛知県を直撃し、航空機の生産に大打撃をもたらした。しかし厳しく報道管制が敷かれ、大多数の国民はなにも知らないでいた。

鉄筋造りの本工場は倒壊せず、朝鮮人を含む動員数を増やして、生産力を維持。十二月こそ「天山」五一機、「彩雲」二五機の計七六機に減ったが、翌二十年の一、二月は約一〇〇機ずつに復活し、三月には最高の八〇機と六四機の計一四四機を作り上げる。

地震後、甲府高女生は本工場の六号棟で作業を続行。前工場に比べて、いっしょに働く工員の質は低下した。栄養不足から脚気による室休が珍しくなく、体力のない者は事務職補助へまわった。一月下旬には昼夜の二交代制に。

昭和二十年三月二十六日、専攻科の卒業式が乙川国民学校で行なわれた。彼女たちにとって喜びの日だが、同時に、労働条件がより厳しい女子挺身隊へと身分が変わる。さいわい工場側の対応にさしたる変化はなく、ややたって郷里での補助教員の辞令が全員におりた。

土砂降りの五月十五日、職場の工員や中学生たちに送られた夜行列車は、彼女らを乗せ、甲府へ向けて動き出した。

時代の終焉《しゅうえん》

沖縄戦支援の九州の飛行場爆撃と、大都市への無差別焼夷弾空襲を終えた米第20航空軍のB－29は、六月なかば以降、中小都市の焼き打ち、港湾の機雷封鎖、軍需施設の破壊を連日くり返した。

昭和20年の夏、疎開先の半田中学校で製図課の面々がくつろぐ、気分転換のひととき。縦にならんでいる５人の中央が橋爪由守課員。

七月二十四日は八つの主要爆撃目標のなかに、初めて半田製作所が選ばれていた。四月から中島は国家管理になったため改称され、正確には第一軍需工廠・第三製造廠である。

渡部整備課員は二十年に入って、整備工場から整備事務所へ配置が換わっていた。この二十四日は伝令任務で本工場へ行き、空襲警報のサイレンを聞いて、一四～一五名入れる防空壕にもぐりこんだ。午前十時半をまわったころ、爆弾が落ちてくるザーッという音に続いて、強い地響きを感じた。

B－29が去ったのち、爆風で潰された出入口を開いて外に出る。五〇〇ポンドGP（二二七キロ汎用《はんよう》）爆弾があけた大穴を、二〇メートル前方に見た渡部課員は「直撃ならこっぱ微《み》塵《じん》だった！」と驚愕《きょうがく》した。

警報が出たら出勤停止の決まりだ。材料課の谷川課員は早朝からくり返す警報により、寮を出て移った下宿先の農家にいた。製作所から三キロばかり離れているが、ズシーン、ズシーンと爆発の音が響いてきた。空襲後に事務所へ行くと、長い建物の中央に直撃弾を受けていた。彼の机は数十メートル先の位置だから、出勤していれば殉職していたはずだった。

第314爆撃航空団の七七機の投弾により、半田製作所は主要工場の四割を破壊され、生産不能状態に陥った。

この日は第7航空軍のノースアメリカンP－51D戦闘機、第38機動部隊の艦上機も愛知県上空に侵入した。

製図課は西方へ二キロ余の半田中学に疎開して、食事だけは工場でとっていた。昼食時、グラマンF6Fの急襲を受け、橋爪課員はどんぶりを持って食べながら、川の土手づたいに逃げた。このとき中に混入していた小石をかじって歯が欠け、いまも当時を想い起こさせる記念になっている。

衣類を取りに郷里へ帰った渡部課員は車中で、新型爆弾による広島の被爆を耳にした。半田製作所にもどってまもなくの八月十五日、整備工場格納庫の前にならんで詔勅を聴いたが、後ろにいたのと雑音が多いのとで、意味が分からない。激励かと思ったら、事務長が「戦争に負けた」と言った。最後の一兵まで、を疑わずにきた渡部課員は唖然《あぜん》とし、落胆した。谷川材料課員は出張のついでに、京都の家に寄って正午を迎えた。放送により、戦争が終わったことだけは聞き取れた。「これからどうなるのか」と案じ、とにかく翌日に製作所へ帰っていった。青春の大きな転換点だった。

生産を戦力に結ぶ者

——テストパイロットのプロ魂ここにあり

登竜門は養成所

水口《みなくち》国彦少年の航空への熱意を決定的に高めたのは、中学校卒業まで七〜八ヵ月の昭和十二年（一九三七年）の夏。北アルプス・槍ヶ岳の頂上で間近にフォッカー「スーパーユニバーサル」を見たときだ。

アルプス越えで富山へ向かう小型輸送機が、乗客たちへのサービスのためだろう、山頂の周囲を旋回し始めた。圧倒的な大パノラマのなかで舞う翼のすばらしさ。予期せぬ情景に目を奪われた水口生徒は「よしっ、パイロットになるぞ！」と誓った。

数ヵ月前の四月に神風号が訪英飛行し、欧亜連絡飛行の短時間記録をたてたときの心の高ぶりが、ここで倍加され定着した。医学部進学を望む医師の父の期待を尻目に、「飛行機には機械の学問」と思いつき、工業学校に入学した。航空に縁が薄い飛騨高山に住んでいては、どうすれば操縦の道へ進めるのか分からなかったのだ。

工業学校機械科とパイロットには当然、つながりなどない。不如意《ふにょい》ゆえに苛立《いらだ》ちがつのったが、学校が就職先に紹介してくれた立川飛行機が、希望実現のきっかけを与えてくれる。

昭和十三年春のころの立飛《たちひ》は、陸軍の九五式一型および三型練習機を量産し、九八式直協偵察機の試作機を完成していた。入社後、金属の分光分析に従事した水口社員は、暇を見つけては屋上から、隣接の立川飛行場で離着陸する飛行機に、そして立飛所属の操縦士たちの姿にあこがれた。彼らの役目は完成機に対する会社側のテスト飛行だ。

やがて意を決して操縦士室を訪れたところ、手ごたえのある言葉が返ってきた。「それなら乗員養成所を受けてみろ」

フルネームは逓信《ていしん》省航空局乗員養成所。逓信省の外局である航空局の管轄のもと、民間の操縦者養成に主眼を置いて、十三年五月に仙台および米子《よなご》に設置された。それ以前は、陸軍に委託して操縦教育を受ける方式だった。

人事部長に「本当は飛行機乗りになりたいんです」と申し出て、受験する許可を得た。学科は問題なく通ったが、身体検査で鼻炎が引っかかって一度目は落ち、父の治療を受けて四ヵ月後の二度目で合格。立飛に半年いただけで退社し、十四年十一月に宮城県霞目《かすみのめ》の仙台乗員養成所の門をくぐった。第五期操縦生四二名の一人として。

養成所の幹部は軍人で、主体が陸軍、一部整備関係が海軍。教官、助教官は委託出身者および養成所の先輩である。使用機材は勤めていた立飛で製造の二種の九五練で、八ヵ月の訓練期間の三分の一を初歩練習機の三型、残りを中間練習機の一型で飛んだ。

三型に搭乗してすぐに自身の操縦適性を自覚した水口生徒は、その予感どおり順調に課目をこなし、十五年七月に全課程を修了。二等操縦士免許と、初歩的な航法をマスターした三等航空士免許を手に入れた。

しかし二ヵ月後、水口青年は徴兵年齢の満二十歳に達した。ふつうなら徴兵検査を受け、ただちに郷里の連隊に入営するのだが、操縦という大きな価値の特技を持つゆえに、別のコースが用意されていた。

工業学校出身の水口国彦操縦生。仙台乗員養成所で九五式一型練習機とともに。

それは予備役下士官、略して予備下士に採用するための、新しい乙種予備候補生制度である。操縦学生および少年飛行兵を二大抽出源とする現役下士官操縦者の、補充を目的に制定されたばかりだった。乗員養成所で操縦免許を取った全員に、予備下士になる教育を新設の岐阜陸軍飛行学校で半年間ほどこすわけで、水口氏らがその第一期に該当する。

まず、兵籍を置く原隊に定められた浜松の飛行第七戦隊に入隊し、すぐ岐阜飛校に入校。この時点で階級は早くも上等兵だ。ついで名古屋郊外の本地原分教場で九五練一型を一ヵ月おさらいしたのち、甲府分教場に移って九九式高等練習機による訓練を受けた。

甲府での二ヵ月の教育と生活は、当然ながらまったくの軍隊方式だ。革スリッパの往復ビンタ、満水のバケツを両手に下げた直立不動など、気合を入れる体罰が誰か彼かに毎日与えられた。ただし、初年兵が内務班で味わわされたような、陰湿で理不尽な制裁とは異質のものだった。

兵長に進級した予備候補生らの仕上げは千葉県の松戸高等乗員養成所。九九高練でさらなる飛行科目の体得にはげむ。ここは乗員養成所の上級教育施設で、仙台養成所の先輩たちが操縦学生として訓練中だった。もちろん航空局管轄の組織だから、軍隊式の制裁など行なわれない。夜はアンパン片手に互いの将来の夢を語り合った。

待望の職につく

昭和十六年三月、松戸での三ヵ月の教育を終えた水口予備候補生らの卒業式は、岐阜の本校にもどって行なわれた。この時点で階級は予備役の伍長だ。式の翌日には原隊の七戦隊に復帰した。

ここで、そのまま予備下士として軍務に服する者と、除隊して民間パイロットの業務につく者とに分けられる。

機種を特定される軍の操縦者よりも、民間のパイロットとしてさまざまな飛行機で飛んでみたい。立飛の操縦士たちのように、テスト飛行に従事できたらどれほどいいだろう。だから水口氏は、大日本航空や満州航空などの定期便の操縦も好まなかった。

千葉県松戸の中央航空機乗員養成所の駐機場にならぶ九九式高等練習機（両側）と九五練一型（中央）。水口氏は第３期操縦学生として17年４月に入所。手前はエンジン始動車の一部。

「審査のときに潤滑油（ひまし油。植物性）を茶碗に一杯飲め」と先輩が教えてくれた。言われたとおりにすると、たちまちひどい下痢に襲われた。審査の軍医には見破られて「油を飲んだな。そんな奴は軍へは来させん」と告げられたが、おかげで思いどおり除隊の組にまわった。

民間パイロットとして次のステップは、松戸高等乗員養成所で研鑽《けんさん》を積むことだ。入所希望者が多く、順番待ちの一年間、鳥取県の米子乗員養成所での助教官勤務を命じられた。着任翌月の十六年四月、米子（仙台も）は地方航空機乗員養成所に、松戸は中央航空機乗員養成所に改称される。

米子ではまず四期後輩の九期生を教え、伯楽の才もあったのだろう、六〇名中トップの大臣賞受賞者を出した。航法訓練で九州で飛んでいたときに十二月八日の開戦を迎え、積雪の冬期には九五練一型に雪橇《ゆきぞり》を付けての離着陸も体験する。

第三期操縦学生になり、ふたたび松戸に入所したのは十七年四月。操縦科は教育任務につく教官班と航空会社をめざす輸送班に分かれ、水口学生は前者だった。

既知の九九高練のほか、九七式戦闘機、九三式双発軽爆撃機、それにソアラー、航法訓練には海軍用機材の九〇式機上作業練習機が用いられた。翼端失速の傾向がある高練に比べ、九七戦は「なんで俺、こんなにうまいのか」と思わせてしまうほど操縦しやすかった。

十一月に操縦学生の教程を修了し、一等操縦士、二等航空士と一級滑空士の免状を取得。千葉県の印旛《いんば》地方航空機乗員養成所の教官に任じられ、八ヵ月勤務した十八年七月、待ち望んでいたチャンスが訪れた。

「航空機会社の生産機の試験飛行に携わりたい者は申し出よ」。陸軍航空本部からの募集が通達されたとき、水口教官は「これこそわが道」と即座に手を挙げた。みな航空輸送会社へ行きたいから、志願者の数は少ない。中島飛行機、三菱重工業、そして川崎航空機に、それぞれ特段の競争もなく一人ずつ決まり、水口氏は出身県に所在の川崎へ八月に入社することになった。

立ちはだかる片岡掛長《かかりちょう》

岐阜県南部の各務原（現在は「かかみがはら」と読むが、当時は「かがみがはら」が主流）には東西方向に飛行場が三つ並んでいて、中央のコンクリート舗装の中飛行場に、東から川崎・岐阜工場、三菱・各務原格納庫、各務原陸軍航空廠が隣接していた。

川崎のパイロットは田中勘兵衛氏がいちばん偉くて取締役、次が高木昌巳課長で、掛長（係長）の片岡載三郎《さいざぶろう》操縦士が現場の指揮をとった。陸軍の第四十二期操縦学生出身、このとき飛行歴一一年の片岡掛長。水口氏は入社できたとはいえ、彼のメガネに適《かな》わなければ試験飛行など任せてもらえない。

入社の翌日が技量検定の初日。午前四時五十分の始発ローカル電車に乗って出社し、飛行服に着替えて飛行場へ駆けつけると五時半をまわっていた。ピスト（控え所）の建物の中で待ち受ける片岡操縦士が、直立不動で挙手する水口氏に「遅いっ！」と怒声を浴びせた。完成機のテストがあるから、手すきの時間は早朝だけなのだ。

指令が出た。「本日の課目。酸素なし、高度五〇〇〇メートルまで上昇。二〇〇〇メートルまで急降下。一八〇〇メートルで左右急旋回各一〇回。宙返り一〇回。左右横転各一〇回。二〇〇〇メートルから、きりもみ三旋転。回復後そのまま着陸せよ」

乗機は航空廠から借りた九九高練だ。命じられたとおりの飛行、機動をなんとかこなし、フラフラの感じで着陸。片岡掛長はなんの批評もせず「よーし、朝食を摂《と》りにいけ」とだけ言った。社員食堂は遠いので、飛行整備課事務室で食事を用意してあった。緊張がとけ、空腹に豚汁がとても旨かった。

二日目、三日目と始発電車で駆けつけたが、掛長はすでに椅子に座って待っていた。始発より早いとなると、会社差し回しの自動車に乗ってくるのか。それなら便乗させてくれてもよさそうなものだ。五日目、検定飛行後の朝食のおり、賄《まかな》いのお婆さんが教えてくれた。

「片岡さんはあなたのために、会社に泊まりこんでいるんですよ」

掛長の口から講評の言葉が出たのは、七日目の搭乗前。「本日の課目をもって訓練を終了する。特殊飛行も非常によろしい。この機をよく乗りこなしている」

離陸して、最後の検定飛行を行なう。感激と嬉しさとで、ピストの前に座っている掛長に向かって急降下。低空で引き起こしてから着陸した。翌月に二十四歳になる若さでは、無理からぬ勇み足のふるまいである。

ピストに入った水口氏に、いきなりビンタがとんできた。「馬鹿野郎っ、うぬぼれるな。貴様のような奴はクビだ！」

高揚した気分から一転、奈落の底へ。長らく求め続け、精進《しょうじん》を重ねてようやくつかんだテストパイロットの座から、滑り落ちてしまう。「こりゃあ難しいぞ。もうだめだ」。すっかりしょげて事務室で夕方まですごし、帰りかけた彼の肩を、試作部からもどった片岡掛長が叩いた。

「今夜は俺についてこい」と意外な言葉をかけられた。連れていかれた先は小料理屋の一室。芸者の姿もあった。

「くよくよするな。女の顔でも見て、一杯飲め」

パイロットがもっとも避けねばならない増長を諫《いさ》め、それによって生じた失意をほぐしてやる配慮だった。小柄なれど豪胆かつ磊落《らいらく》、飛行に関して細心な、名操縦士のもう一つの側面がここにあった。

「飲み比べだ。俺に勝ったら採用してやる」

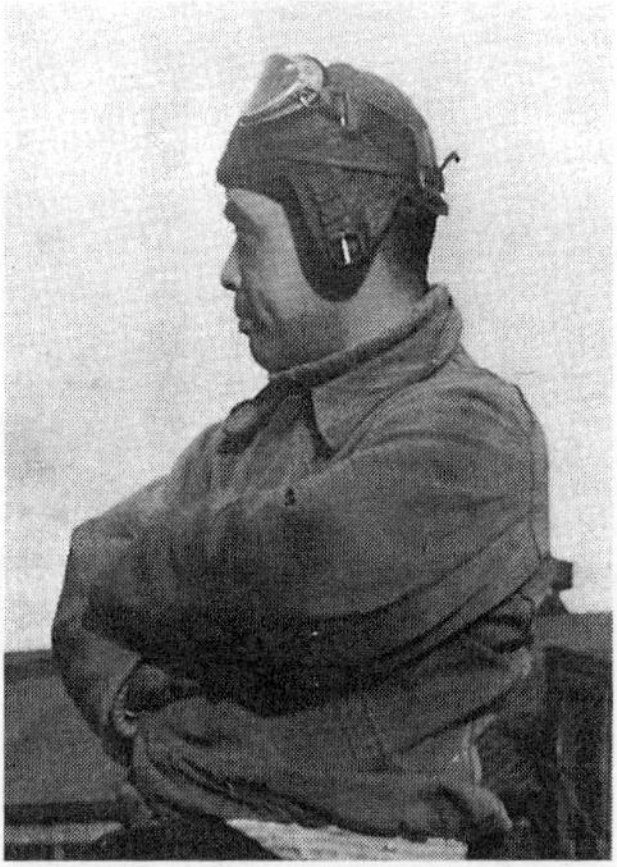

片岡掛長は豪胆にして細心、人情の機微を理解する操縦のエキスパートだった。

掛長と水口氏とのあいだでハイピッチな酒杯のやり取りが始まった。緊張しているうえに、負けてはならぬと必死なので、少しも酔いが回らない。まだこれからと思えるころ、酒豪で鳴るはずの片岡操縦士の口から投了の文句がこぼれた。

「俺の負けだ。本日をもって川崎の操縦士として採用する」

掛長の心ある対応に、水口氏が深謝と尊

敬の念を抱いたのは述べるまでもない。

民間操縦士が審査部で

水口氏が入社するまで、川崎・岐阜工場の操縦士（対外的には「試験飛行士」の呼称があった）は三名。彼らが完成機を逐一飛ばして、不良個所がないか、適正な性能が出るかをチェックしてきた。

同工場の量産機は三式一型戦闘機と九九式二型双軽爆撃機で、昭和十八年度（十八年四月〜十九年三月）の平均月産数はそれぞれ九二機と六一機。合わせて約一五〇機だから、単純計算で一人が一日に二機を受け持つ。手間どればどんどん溜まってしまう。これに、はるかに綿密なテストを要する試作機が加わる（片岡操縦士が専従）から、人手不足は歴然だった。

新任の水口操縦士をすぐにも使いたいところだが、試験飛行のノウハウを教えるゆとりが川崎側にない。実用機のなんたるかと検査のやり方を覚えるために、東京・福生《ふっさ》の陸軍航空審査部に預けられることになった。

陸軍が使う飛行機と装備品、各種火器など航空兵器の、テストおよび研究を担当する航空審査部は、軍隊ではなく官衙《かんが》つまり役所だが、空中・地上両勤務者とも戦場経験者を中心にトップクラスの人材が集められていた。ここで制式機器材が選ばれ、ダメを出された兵器はふたたび陽の目を見ないのが通例だった。

委託教育を受けるべく、水口氏が福生に出張したのは入社半月後。立川に下宿を定めて、審査部通いが始まった。そのなかで彼を受け入れるのは、新型機の性能テスト、実用テストを主務とする飛行実験部である。

まず特殊隊で訓練を受ける。扱う機材が輸送機、輸送グライダー、練習機など非第一線機なので、難しい機動を必要とせず、とっつきやすいからだろう。百式輸送機、DC－3、グライダーおよび曳航機の九七式重爆撃機の操縦のほかに、B－17Dの副操席で操縦輪を握らせてもらい「四発なのにボーイングはこんなに易しいのか」と感銘を受けた。

続いて爆撃隊で九七重と百式重爆に乗った。さらに軽爆と襲撃機を扱う攻撃隊。岐阜工場の主生産機の一つ、九九双軽はあまり良好とは感じられなかった。三菱設計の九九式襲撃機の未修飛行（操縦訓練）も実施。訓練終了近くには水戸の射爆場で実爆弾の投下も経験した。

戦闘隊では川崎で生産中の二種、岐阜工場の三式戦「飛燕」と明石工場の二式複座戦闘機「屠龍」が必修の機材だ。前者は九七戦とはまったく異質で、どっしりして高速ないい飛行機、後者は嫌いではないが好きでもない印象だった。

変わり種では、格納庫の隅に放置してあった複葉の九五式戦闘機。「お前の会社の飛行機だ。乗ってみろ」と言われ、あまりの古さゆえに不安半分で搭乗し、飛ぶには飛んだが、水温は過昇するは熱湯は噴くはで、あわてて降着し事なきを得た。

飛行実験部としてはあくまで「川崎の操縦者」を預かっているのだから、とりわけ戦闘隊では他社製の新型機には乗せない方針だったらしい。旧式にして主力機の一式戦は別で、飛行を許され、「頭でっかちで、おもしろい形」の二式戦には頼んで内緒で試乗させてもらった。

荒蒔義次《あらまきよしつぐ》少佐、坂井菴《いおり》少佐ら戦闘隊の重鎮、なみいる熟練者たちの顔も見覚えた。初めて乗る機の着陸速度や離陸距離など性能データを尋ねると、即座に「それを作るのがお前の役目だろう」と叱られた。確かに、そのとおりである。

いろんな飛行機に乗るのがかねてからの夢だった水口氏にとって、審査部飛行実験部での六ヵ月間は、またとない至福の時だったに違いない。願望を叶え得たうえに、すっかり自信をつけて「もうどんな飛行機でも乗ってやるぞ」と意気揚々、福生をあとにした。彼のテストパイロットの才能は、判然と証明されたのだ。

「よんごー」突入行

水口操縦士が各務原に帰った昭和十九年一月は、ソロモン、東部ニューギニアのいわゆる南東方面の戦局が絶望的に悪化。陸海軍航空は米軍との戦力差を少しでも縮めるため、増産に拍車をかけ始めていた。

飛行場にはテスト飛行を待つ完成機がところ狭しとならび、ピストの黒板にはそれらの機体製造番号がびっしり書きこまれていた。三式戦の番号の部分の四〜五ヵ所に水口操縦士の

社有の明石飛行場に置かれた二式複座戦闘機の完成機。手前の機の翼端に衝突防止のため赤い要注意カバーがかけてある。遠景が川崎・明石工場。

名が付してあるのが、彼のテスト担当機であり、出社の翌日から忙しく飛ばねばならなかった。

しかし依託学生二期出身の太刀掛《たちがけ》俊雄操縦士、松戸で一期先輩の蓑原《みのはら》源陽操縦士の担当分はどちらも一〇機に近く、いきなり圧倒されてしまった。試験飛行を終えないかぎり、軍への納入は叶わない。休日など無縁のスケジュールなのだ。

三式戦という陸軍呼称を水口氏は聞かされていたが、会社での呼び名はもっぱら試作名称のキ六一を略した「ろくいち」。「飛燕」の愛称は敗戦まで知らなかった。九九双軽は同じくキ四八から「よんぱー」である。

兵庫県の明石工場の状況は、いっそう厳しかった。キ四五改を略して社内で「よんごー」と呼んだ二式複戦の、平均月産が六〇機なのに、試験飛行を受け持つのは藤井千太郎操縦士だけ。彼が過労で病気にでもなれば、引き渡しはお手上げだ。

そこで岐阜から、試作機にかかりきりの片岡掛長を除く、三人の操縦士が交代で応援に出向いた。必然的に月の三分の一は明石ぐらしになった。

十八年の晩春からラバウル、ソロモンで、九九式二〇ミリ機銃を傾斜装備した夜間戦闘機「月光」による米重爆撃隊に海軍が成功。そのアイディアを採り入れ、量産化にめどをつけた二〇ミリ機関砲ホ五を、陸軍版斜め銃の上向き砲として、立川の航空工廠が二式複戦に取り付けたのが十八年十二月だ。航空工廠では十九年五月までに一〇機を試作改修し、制式採用されて二式複戦丁型になった。航空本部は明石工場の丙型の生産ラインを丁型に変更させるとともに、完成機や部隊配備後の丙型の改修を指示し、これを丙型丁装備機と称した。

明石で改修の丁装備一号機の試験飛行のさい、飛行実験部から坂井少佐がやってきた。少佐が審査飛行をする前に、川崎側が飛ばすのがルールだ。岐阜から応援に来ていた水口操縦士が、整備員同乗でそれを担当した。

量産機との違いは武装だけだから、とくに緊張するようなテストではない。試運転で調子を確かめ、ガスレバー（スロットルレバー）を押しつけて、狭い明石飛行場から離陸にかかる。尾部が浮き、主車輪が路面を離れかけたとき、右エンジンが停止した。

瞬間、片発での離陸は不可能と判断。先方に材木の山があった。とっさに右レバーをもどし左は全開、右へ舵をきったら、従業員専用の駅が眼前に。待合室の柱をなぎ倒してプラットホーム上を滑り、線路に突っこんで行き脚が止まった。

水口操縦士は終始、意識があった。操縦席がゆがめられ足がはさまっていた。すぐ後方席をふり返ると、整備員の顔が血で赤い。しまった、殺したかと思いつつ「大丈夫かっ」と叫んだ。気絶していたらしく、弱々しい返事があって操縦士を安堵《あんど》させた。つぶれた天蓋《てんがい》（可動風防）を駆けつけた従業員に開けてもらい、足を引きずって坂井少佐に報告する。

「申し訳ありません。大切な機を壊してしまいました」

「命あっての物種だ。機体はまた作れるが、人間は作れない。今日の貴様の処置はよろしい」

初の大事故に遭《あ》っても、水口氏の飛行への意欲はいささかも怯《ひる》まなかった。

代表機はこうテストする

川崎航空機の多量生産ベスト・スリーは、二九〇〇機のキ六一、二〇〇〇機のキ四八、一七〇〇機のキ四五改だ。このうち飛行機ファンにいちばん印象が強いのは、やはり三式戦闘機「飛燕」たるキ六一だろう。それは川崎・岐阜工場の製造部飛行整備課飛行係の一員、水口操縦士にとっても同じだった。

昭和十九年度の生産数はキ六一が平均月産一二七機で、キ四五改の二倍強、キ四八の五倍強と断然多い。飛行場にズラリと並べられた「ろくいち」（と呼んだ）生産機のうち、一日

岐阜工場でできた三式一型戦闘機が、社内試験飛行に向けて飛行場へ押し出されている。ドイツ・マウザー社製の20ミリ機関砲（MG151／20）を翼内に装備した一型丙である。

平均五機ほどの試験飛行をこなさねばならなかった。

陸軍航空審査部で初めて乗ったとき、液冷式エンジンゆえの機首の長さに驚いた。離陸前と着陸後の三点姿勢での地上滑走時には前方視界をまったくふさがれるため、横を見て勘で機を操《あやつ》ったが、これは各務原でも同じだった。

空中でのテストは、エンジン最大出力時のブースト圧と与圧高度の測定、失速時の機体バランス、各種計器の作動、脚出入などのチェックを一様に実施する。付加テスト項目があるときは、ピストの黒板のテスト機の機体番号にその旨が書きこまれてあった。過荷重状態における異状を調べるため、燃料満載の補助タンク（落下タンクの川崎側呼称）を付けっぱなしで飛んだりもした。

こうした飛行は終始、天蓋《てんがい》を閉じたままで行なわれた。開状態だと強い風圧で支障をきたす恐れがあるからだ。

部隊配備された三式戦の代名詞、と言い得るほどのエンジントラブルは、キ六一－Iシリーズの生産機テスト飛行においては顕著には生じなかった。そもそも自社機に大なる心配を抱いて飛ぶようでは仕事にならない。とはいえ、作りたての機を初めて進空させるのだから、不安が全然ないわけではなかった。キ六一の飛行特性は気に入っていたけれども。

各務原上空を飛ぶ新品の三式戦闘機。これは尾輪を固定式に変えた一型乙で翼内に12.7ミリ機関砲ホ一〇三を装備する。

神経質なハ四〇エンジンが蒸気を噴く。蒸気だけならまだしも、これが熱水に変わったら緊急着陸を要した。故障の場合、冷却水が減りすぎて致命的なエンジン過熱につながるからだ。

異状を生じたからといって、すぐ機外脱出するようなまねは許されない。原因を探求し、見定めるのも彼らが負う重要な任務なのだ。動力系統の不具合でヒヤリとしたことも少なくない水口操縦士だが、さいわい「これはだめだ」と落下傘降下を決意する事態は経験せずにすんだ。

強まる増産指示は労働条件の悪化をもたらし、工員の応召がそれに拍車をかける。エンジンばかりでなく機体の完品度も低下して、テスト飛行にも直接に影響が出始めた。一度の飛行チェックでOKを出せる割合が減り、不良個所を改修後に、再度のテストを要するケースがじりじり増していく。

キ六一のもう一つの変化は重量の付加だ。どの航空機製造会社の新造機でも、社内飛行を行なうときには、作戦用の機器を付けていない、軍で言う〝ハダカ馬〟である。軽快で性能がいい。しかし、機関砲や弾丸、無線機などを積んだのちの部隊での使用時に、これらの重量増により、思わぬ不調、不具合が現われる事例がめだってきた。

そこで弾丸の重量分の鉛弾バラスト（試作機の荷重テストなどに使う）を機首内と翼内に搭載して、飛ぶことになった。やがてこの対策が強化され、軍側に委《ゆだ》ねる前に兵装、武装を付けて社内テストがなされるに至る。

受け入れ側の陸軍操縦者

生産された陸軍用の飛行機は各航空廠に受領され、各部隊へと空輸されていく。各務原の中飛行場に面した施設は既述のように、東側が川崎、中央が三菱で、西側がその陸軍航空廠だった。

航空廠の整備部飛行班は、川崎の飛行整備課飛行係に対応する組織で、佐々木康《やすし》伍長、増田辰二伍長を含む十数名の操縦者が所属していた。

昭和十七年一月に入営した佐々木氏は、機関銃中隊員の教育を受けて渡満。南満州鉄道の撫順《ぶじゅん》駅防備の中隊に配属されてまもなく、下士官候補者に指名され、奉天（現在の瀋陽）の教導学校に転属した。軍隊は好きではなかったが、選ばれるだけの素質を有していたのだろう。

教導学校でも重機関銃班で教育を受けた。肩にくいこむ重機の運搬、きつい演習でしぼられて五ヵ月目の十一月中旬、操縦者への転科が募《つの》られた。「飛行機は危険だ。すぐ死ぬぞ」と同年兵に忠告されても、佐々木一等兵は「死んでもいい」と思い、希望を申し出た。空を飛ぶのは魅力だし、二十一歳の若さに死の高確率は脅威ではなかった。

二十数名の重機班で、転科に名乗りを上げたのは佐々木一等兵だけ。教導学校全体でも数名にすぎない。熊本県菊池の部隊へ転属後の翌十八年二月、各地から集められた転科希望者たちとともに、立川の第八航空技術研究所で身体検査と適性検査を受ける。パスして第九十三期操縦学生を命じられ、朝鮮の大刀洗飛行学校群山分教所に入校した。伝統ある操縦学生（将校と下士官の両コースがある）として最後の期だった。

四月から九五式練習機で半年間の基本操縦教育。続いてルソン島タルラックにある第百二教育飛行連隊で半年間、九七重の操縦訓練を受けた。十九年三月末に操縦学生を終えた佐々木伍長は内地に帰還、各務原航空廠付の辞令を受けて着任したのだった。川崎の水口操縦士が社内テスト飛行を始めた二ヵ月後だ。

前後して航空廠に着任した増田伍長は、佐々木伍長と同年兵で操縦学生も同期だが、その間の状況がずいぶん異なる。当時としては珍しくも入隊前から運転免許を持っていたため、満州・ハイラルで自動車の教育を受けた。卒業後すぐにあった飛行兵への転科募集に応じたのは、騎兵だった父親の「息子六人のうち一人ぐらいは飛行機へ」の願いと、自身が抱いていた空への興味による。

宇都宮飛行学校下館分教場で九五練の訓練を始め、ルソン島リパの第百三教育飛行連隊で九九式襲撃機の操縦を学んだ。優れた飛行特性の軍偵は飛ばしやすく、増田伍長の浅い飛行キャリアにもかかわらず、なんでもできるように感じられた。

双発をやってきた佐々木伍長は各務原航空廠に来て、まず九九高練で四〜五回飛んで、単発機に慣れる。ついで、テストを担当するキ六一の性能諸元と計器類の表示を覚えて、未修飛行にかかった。単発専門の増田伍長には、高練の訓練はもちろん必要ない。航空廠では「ろくいち」「三式戦」あるいは「三式」と呼び、「飛燕」の愛称は知っていたが使わなかった。

未修はスムーズに進んだ。重爆分科なのに、各務原で佐々木伍長が搭乗したのはキ六一およびその改造型のキ一〇〇だけで、この航空廠が扱う四式重爆撃機、九九式双軽爆撃機といった双発機には縁がなかった。

社内テスト飛行をすませた川崎・岐阜工場の生産機全機に、航空廠で武装、無線機、それ

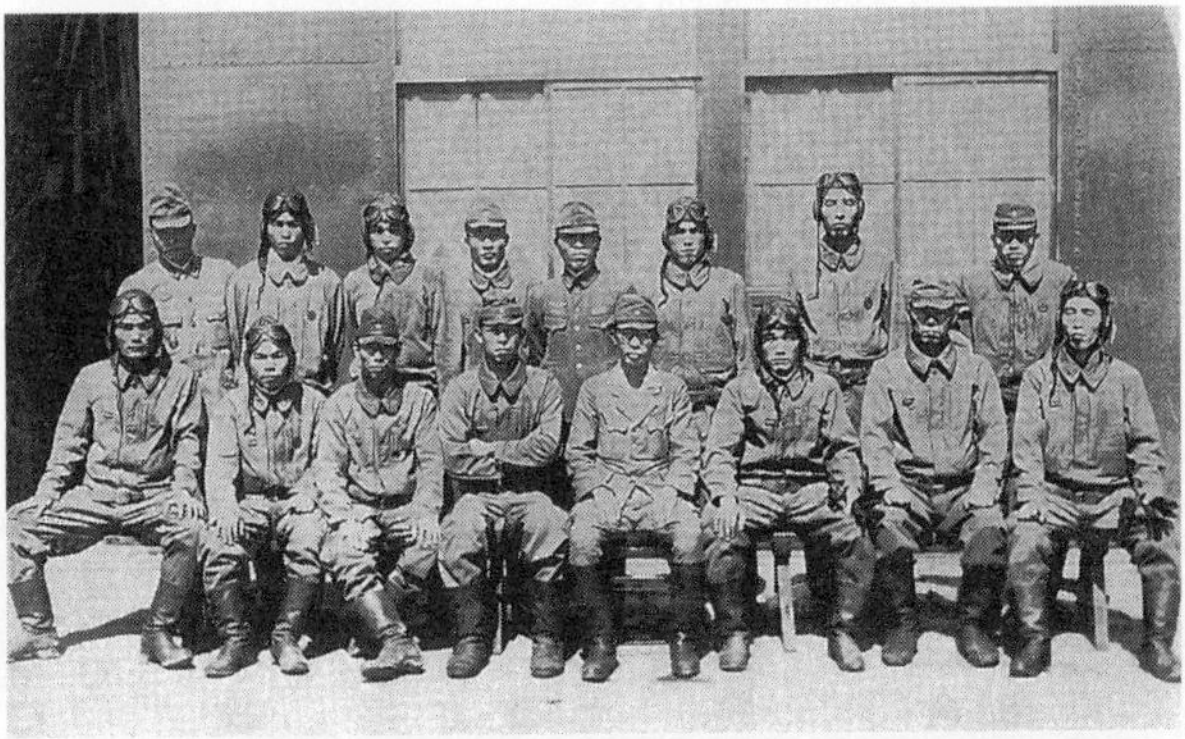

昭和19年9月下旬に撮影の各務原航空廠整備部飛行班。後列左端が増田辰二伍長、1人おいて佐々木康伍長。ここに写った16名全員が軍人である。

に落下タンクなどを付加し、整備部飛行班の操縦者が全備状態での受領テスト飛行を実施する。テスト内容は、速度、上昇力など基本的な性能のほか、整備の軍属(航空審査部と同じく、航空廠は軍隊ではなく官衙つまり役所なので民間人が多数勤務する)が依頼する懸念部分を重点的に調べるから、機ごとに差異があった。

受領テスト時のキ六一の問題点は、油もれ、振動の過多など動力系統に関連するものが多く、工作技術の低下が顕著化を招いた。佐々木伍長/軍曹(十九年十二月に進級)にとって搭乗時に不安を感じることもあったが、怖じけづいては任務をこなせない。彼がテストした合計二〇〇機ほどのうち、ごく快調で「どこまでも乗って行ける」と感じたのは一割に満たないほどだった。

増田伍長/軍曹は手ひどいエンジン故障を、あまり経験しなかった。しかし空冷エンジン機と違って、暖機運転が少し長びくと冷却水が沸騰《ふっとう》して、筒温の過昇から離陸困難に至る。自重が二五〇キロ増の六一－I丁なので、機の重たさがはっきり感じられ、一撃離脱戦法を主用する機材という印象を得た。

下士官、技手《ぎて》用の判任官食堂で操縦者に出される食事は白米で、肉や玉子、牛乳、航空加給食（高カロリー加工食）が付き、下宿でも常に主食は白米だった。嗜好《しこう》品もタバコの「金鵄《きんし》」一箱とキャラメル四～五箱が毎日支給され、飛行のつどビタミン食、高度五〇〇〇メートル以上なら疲労回復酒（栄養ぶどう酒）が添えられた。一般国民にとっては夢の豪華さだが、任務がそれだけ厳しく、かつ重要だったのも事実だ。

航空廠の操縦者と川崎の操縦士とのあいだには、親密な連携はなかった。しかし多少の行き来はあって、佐々木軍曹も一度、多忙をきわめる彼らの代行で、愛知県の小牧飛行場までキ六一を空輸し、お礼にビールや料理をふるまわれたことがあった。

敢闘！　川崎戦闘隊

川崎・岐阜工場で特異なのは、飛行整備課の操縦士たちが防空戦力の一翼を担った点である。日本の民間パイロットによる邀撃《ようげき》戦への組織的な参入は、ほかに例を知らない。

この民間戦闘機隊、社内呼称「川崎防空戦闘隊」が作られた時期は、マリアナからのF－13（B－29偵察機型）が中京地区をうかがい始めた昭和十九年十一月中旬と推測される。

戦後、航空自衛隊の岐阜基地(旧・各務原飛行場)で展示した三式二型戦闘機。元は審査部飛行実験部の装備機材だった。

工場のすぐそばに武装、兵装を取り扱う航空廠があったこと。航空廠は航空本部の管轄下にあり、川崎の操縦者たちは航空本部嘱託の身分も持っている。そのリーダーは操縦歴一二年、戦闘と偵察の両分科を体得した、辣腕《らつわん》で戦意あふれ、陸軍に知己《ちき》が多い片岡元准尉。これらの要因が相まっての特殊な処置だったのだろう。

キ六一の生産は九月以降、Ⅱ型改に重点が移っていた。Ⅰ型のハ四〇を出力二割増のハ一四〇に換装したⅡ型改は、エンジンの完品率が低いが性能は向上し、三式戦二型の名で制式機になった。試験操縦士はこれを単に「にがた」と呼び、Ⅰ型を「ろくいち」から「いちがた」へと言い換えた。どちらも「ろくいち」なのだから当然の変更である。

川崎防空戦闘隊、略称・川崎戦闘隊の使用機は「にがた」だった。キ六一－Ⅱ改の量産機の社内テスト飛行に追われ始めた晩秋のころには、機関砲、無線機などを積んだ状態が普遍化しつつあり、これを「全装備」と称した。

中部軍管区情報でB－29群の来攻を知らされると、

黒板に「邀撃可」と書かれた機番の「にがた」でテストに発進。全弾装備で酸素も積んでおり、会敵したなら攻撃可能な状態だった。

名古屋初空襲の十二月十三日、警報を受けて上がった片岡操縦士は、八〇〇〇メートルの高空で超重爆を捕らえたが機関砲が故障。別機で再発進し、知多半島上空を南へ追撃、一機に黒煙を噴かせ川崎戦闘隊の初戦果を記録した。

二度目の交戦は翌二十年の一月三日。八機編隊の二番機と四番機を片岡操縦士が連続撃破したほか、太刀掛操縦士も後続する九機編隊の二番機に対し撃破を報じた。依託学生（乗員養成所設立以前の制度）出身で、空戦訓練皆無の太刀掛操縦士だが、高難度な直前方攻撃を実施したという。

飛行整備課飛行係のもう二人、水口、蓑原両操縦士も空戦に加わった。日時は不明だが、テスト飛行中の水口操縦士の耳に、地上から「ハナコ、ハナコ、B－29は〇〇（地名）を北上中」の中部軍情報が入ってきた。「ハナコ」は彼の無線の呼び出し符号だ。太刀掛操縦士は「タロウ」だった。

雑談的に片岡掛長から空戦のなんたるかを聞かされていたほかに、水口操縦士には航空審査部と明野飛行学校で、戦闘機操縦についてレクチャーを受けた経験があった。だが射撃を訓練したことはない。

テストを中断し、上昇。指示された方角に敵影が見えた。非常な緊張、小便が漏れるほどの身震いを感じたが、怖くはなかった。なんとかして落としたい気持ちである。

互いに向き合う対進だから、速《すみ》やかに距離が詰まる。右翼の内側エンジンが照準環の中でみるみる膨らんだ。胴体砲と翼砲を斉射し、右下方へ機をひねって離脱。攻撃はこの一撃だ

でかしたぞ川崎
B29撃墜に○○機の偉功
航空本部長から感謝状
片岡、太刀掛両氏表彰
軍需監理部長から表彰状

「川崎防空戦闘隊」敢闘の記事を載せた昭和20年1月7日付の新聞。片岡操縦士の兄・孔一氏が切り抜きを保存していた。


けで、成果は不明だ。命中弾を得た自信はなかった。

B－29撃破三機の手柄を残して、片岡操縦士が大面積の主翼を付けたキ六一－Ⅱ試作機で一月十九日に事故死したのち、川崎戦闘隊は別の強敵・艦上戦闘機と干戈《かんか》を交える。

広域の中部軍管区から一月二十二日付で東海軍管区が独立したのにともない、川崎戦闘隊に「東海軍管区司令部特設防空戦闘隊」という長い呼称が与えられた。

航空廠の飛行班とはまったく別に、航空本部各務原監督班の陸軍操縦者が二名、川崎のピストを使っていた。領収官とも呼ばれた彼らは、社の試験操縦士が見出した不良個所のうち、重要なケースについては適正に直されたかを飛行検査し、優良機生産を

うながすのが任務である。

トップは士官学校四十四期の宇野十郎少佐、次席が叩き上げの不破《ふわ》砌《みぎり》予備役中尉だ。四十代半ばの不破中尉には実戦はきついが、三十代半ば、古参戦隊長クラスの宇野少佐は、戦闘分科ではなくとも、片岡掛長なきあとの川崎戦闘隊を率いた。

二月十六日と十七日は早朝から、米第58機動部隊の艦上機群が関東に波状攻撃をかけてきた。うち一部は東海軍管区の静岡県西部にまで侵入した。

「敵艦載機、洋上を浜松へ向かう」の情報で、同地上空に達したキ六一－Ⅱ改の三機編隊。味方機が浜名湖へ燃え落ちていく。先頭の宇野少佐の長機がすぐ翼を振って、低空を飛ぶ黒っぽいグラマンＦ６Ｆ七〜八機に突進した。蓑原操縦士の二番機が続いた。

三番機・水口操縦士は興奮を抑え、敵編隊の端の機をめがけて後方から迫ったが、体《たい》をかわされた。直後、右側に曳光弾。振り向くと、一機につかれている。「逃げよう！」と決めて、浜名湖の上を超低空で離脱にかかった。まさしく適切な判断だ。

グラマンは追ってきた。天竜川の橋の下をくぐり抜け、スロットルレバーをいっぱいに押しつけての全速飛行。なんとか振りきり、各務原に降りて尾部を見たら、一〇発近い被弾があった。宇野機、蓑原機は帰還しており、後者にも相当の弾痕が穿《うが》たれていた。

意外なのは、民間の川崎の操縦士が身を呈して戦ったのに、軍人たる航空廠の操縦者は避退で飛ぶだけで、実弾を積んだこともなかった。もちろん彼らのせいではなく、本来の任務から逸脱させる命令が出なかったためだ。

不時着を乗り越えて

いつの時代でもテストパイロットは殉職の危険と背中合わせだ。川崎のキ六一関係だけでも、水口氏の入社前に金原《きんばら》操縦士が山に激突、前述の片岡操縦士の事故に続いて、陸軍除隊の惣万《そうまん》菊太郎操縦士もエンジン不調で墜死する。

明石でのキ四五改の不時着事故のさいに一命をひろった水口操縦士には、キ六一によるあわやという緊急事態がいくたびかあった。

十九年八月の午後のこと。キ六一－Iで高度三〇〇〇メートルあたりを上昇中に、操縦席の前方にあるタンクから滑油が噴出し始めた。動力の致命傷に直結しかねない。ただちに帰還すべくレバーをもどして機首を下げたとき、滑油タンクが爆発、操縦席内に多量の熱い飛沫が飛び散った。

飛行眼鏡も風防も計器盤も滑油で汚れて、なにも見えない。急降下しているらしく、異常な唸りを上げている。ハッと気づいて天蓋の飛散レバーを右手に引いたら、視界が一気にもどった。垂直降下中だ。ゆっくり機首を起こしてからスイッチを切ると、残存の滑油の排出も止まり、滑空で東飛行場に降着。冷静な処置で機を救ったとして、のちに三〇円の褒賞金《ほうしょう》を授与された。

愛知県の小牧飛行場にいた飛行第五十五戦隊の三式戦一型を、川崎側が出張修理し、そのテスト飛行を水口操縦士が担当した。別状なく飛び終えて着陸態勢に入り、機首を起こしかけたそのとき、急に操縦桿を引けなくなった。昇降舵が上がらず、浅い機首下げ姿勢のまま滑走路に接地。

激しい衝撃で主脚の基部が主翼上面から突き出し、プロペラが地表を叩く。三式戦は逆立ちして止まった。なぜ舵が効かないのか分からないが、恐怖は感じず、引っくり返るだろうと覚悟していた。さいわい無傷で、自分で天蓋を開けて機外に出た。

原因は、整備担当者が尾部の点検時に、工具箱を機内に置き忘れたことにあった。機首上げで箱が後方へずれて、昇降舵のヒンジに引っかかったのだ。

逆に離陸のさい、全装備でのキ六一－Ⅱ改によるアクシデント。水メタノール噴射のスイッチを入れ、スロットル全開で各務原の中飛行場を離陸し、主脚を上げようとしたら、爆音が止み、プロペラも長刀《なぎなた》（停止状態）になって、異常な静寂に包まれた。

理由不明のまま、まっすぐ滑空して西飛行場に着陸した。降り立った操縦士を驚愕《きょうがく》させたのは、変わり果てた機首だ。エンジンの下半分が下面の外板とともになくなり、二列一二本の気筒がむき出しになっていた。

川崎の社内テストをすませた機を扱うのだから、航空廠飛行班の操縦者たちがトラブルをこうむる率は低くなる。が、無論皆無ではなく、佐々木軍曹は二十年六月にそれを味わわされた。

生産に受領が追いつかず、川崎の駐機場に置ききれないキ六一－Ⅱ改を小牧分廠へ空輸する任務だった。地上試運転後に中飛行場から発進。高度三〇〇メートルで小牧方面へ変針し、なおも高度を稼ぎつつ木曽川上空にかかるころ、エンジン出力が急激に低下した。回復操作を試みたが効果は表われなかった。

プロペラは回っていても、まるで力がない。不時着やむなしと決意して、失速に陥らぬよう注意しつつ河原へ向けて降下する。脚を入れたまま巧みに滑りこみ、無事に機外に出ることができた。この間の三〜四分が、佐々木軍曹の空中勤務を通じての最緊張時間だった。操縦席から主翼の上に降り立って手を振る彼を、後続機の増田軍曹が確認している。

壊れたのは胴体下部だけで、エンジンがそっくり残っていたため、カム軸のずれによる片列の気筒不作動が原因と判明。水口操縦士のケースと合わせて、ハ一四〇の完品率の低さがうかがわれよう。

キ一〇〇でピリオド飛行

キ六一－Ⅱ改を空冷化したキ一〇〇は、二月に審査部から各務原出身の坂井少佐が来て、初飛行とテストを担当し、『ろくいち』よりええぞ」と試験操縦士たちに言ったとおりの、上出来の飛行機になった。量産機の社内飛行にかかった水口操縦士の第一印象は「全部この

岐阜工場におけるキ100試作1号機。背景はカットしてある。はじめは単に五式戦闘機だったが、ターボ過給機装備の二型ができてからは、五式一型戦闘機(キ100-I)へと変わった。

機にしてくれないか」である。軽量化により操縦性が向上し、なによりもエンジンの信頼性が格段に高いのが嬉しかった。

「きのひゃく」あるいは単に「ひゃく」と呼んだ優秀機での、彼の事故は一回だけ。離陸し一五〇メートルまで上がったが、プロペラが高ピッチのままで速度がつかない。飛行は無理と断念し、そのまま前方の麦畑へ。麦が緩衝とブレーキの役目を果たし、機体はほとんど痛まなかった。

キ一〇〇の生産がはかどり出した昭和二十年四月以降は、B-29にP-51D戦闘機が随伴して邀撃の危険度が急増し、また六月からは本土決戦を前に温存策に移行したため、川崎戦闘隊の出る幕はなくなってしまった。

航空廠での呼び名は「きひゃく」または「ひゃく」。佐々木軍曹にとっても、九九式軍偵察機の搭乗経験から「三菱のエンジンはいい」との先入観があって、ハ一一二に換装した五式戦闘機は歓迎できた。ただし性能的には、三式戦と比べて特別にいいとは感じなかった。

芦屋の五十九戦隊への空輸、川崎の操縦士に代わっての一日二回の松本分廠空輸（帰路は汽車）も行なっている。

キ六一－Iに比べ巡航で五〇〜六〇キロ／時も速く、機動も軽快なキ一〇〇は、増田軍曹を「すごい！」と唸《うな》らせた。だが、彼がこの優秀機に乗れたのは一ヵ月あまりだけ。特攻隊員の募集に応じ、各務原を離れたからだ。

八月十五日。小牧分廠での出張勤務中、重大放送を聴くよう指示された佐々木軍曹は、ラジオから流れる天皇の詔勅に皆で耳を傾けた。感度がよくなかったが、負けたらしいと分かって、表現しがたい残念な感情があふれ出た。

岐阜工場への空襲を避けて疎開した掩体壕《えんたいごう》から、三〇分以上も地上滑走して各務原西飛行場までキ一〇〇を持ってくる。砂礫《されき》が当たって傷ついたプロペラを交換するあいだ、水口操縦士が飛行場のバラックの中で待っていると、いきなり玉音放送が始まった。

「もう飛べない」と思った操縦士は、ペラ交換がすんだ機に乗りこみ、整備員に「戦争、負けたぞ。最後だ、飛ぶからな」と言い残して離陸した。一〇年後、ふたたび川崎のテストパイロットに返り咲くことなど夢想だにせずに。

軍偵と排気管

——最前線整備兵たちの知られざる努力

これこそ陸軍機

日本の海軍航空を代表する機種が、空母に積まれた艦上戦闘機、艦上攻撃機、艦上爆撃機とするなら、最も陸軍航空らしさを備える飛行機はなんだろう。

筆頭が直協偵察機、ついで襲撃機／軍偵察機。三、四がなくて五に軽爆撃機を持ってくるのが筆者の意見だ。その理由は明白。主兵科の歩兵をはじめとする地上兵力への、敵銃爆撃や偵察、連絡などの密接な協力こそが、陸軍航空のそもそもの存在理由だからだ。

機材としては順に九八式直協偵察機および九九式襲撃機／九九式軍偵察機（九九襲と九九軍偵はカメラと胴体側面窓の有無の違いだけだから、以下は軍偵と記述する）。同時期の軽爆には九七式、九八式、九九式があげられる。

これら地上支援用機にとってとりわけ活動できるのは、多数の部隊が展開する広大な陸地で、相手の戦闘機戦力が弱い戦域——すなわち中国大陸にほかならない。直協、軍偵の装備部隊の多くが中国地上軍を相手に戦ったのは当然で、そのうちの一つに飛行第四十四戦隊があった。

四十四戦隊の履歴は、陸軍の飛行部隊の通例どおり、いささかややこしい。

日華事変の勃発から二年たった昭和十四年（一九三九年）七月、華中の漢口で、飛行第四十五戦隊（九八軽爆を装備）の一部により軍偵中隊を作り、既存の独立飛行第十八中隊（虎のマークの九七式司令部偵察機を装備）と組み合わせて、二個中隊編制の四十四戦隊を新編。

同年九月、司偵中隊はふたたび独飛十八中隊にもどって転出し、かわりに独飛十七中隊（初代。九八直協）の戦力をそっくり加えて、四十四戦隊は軍偵一個中隊および直協三個中隊（独飛十七中隊を三分）の構成に変わった。すなわち陸軍航空の特徴をいちばん色濃く備える組織内容になり、敗戦までこれが継続される。

独立飛行第十七中隊の九八式直協偵察機が華中戦線を飛ぶ。方向舵の部隊マークは「17」を細長く図案化。「ニシ」は機体製造番号の下２桁から取った24号機を意味する珍しい措置だ。

軍偵中隊は作戦しつつ、九八軽から新鋭機・九九軍偵に機種改変を進めた。想定された任務は、地上部隊に協力しての敵部隊や施設、在地機の攻撃で、合わせて敵情偵察を行なう。早い話が、三菱の前作・九七軽爆をコンパクト化し、爆弾搭載量は少ないが運動性を向上させた、軽地上攻撃機とでも形容すべき機材だった。

機首下面の一部と操縦者の座席に六ミリ厚の鋼板を付け、燃料タンクをゴム被覆にして、耐弾性の向上をはかったのも、地上攻撃機らしい配慮だ。ドイツのヘンシェルHs129やソ連のイリューシンIℓ－2など、ヨーロッパ戦線の戦車殺し襲撃機の重装甲に比べればささやかだが、対空火力が貧弱な中国軍が相手なら、そこそこに有効だったと思われる。

四十四戦隊は九九軍偵を、最も早期に導入した部隊である。その戦いぶりはどのようなものだったのか。

転戦の足跡

まず、軍偵中隊が九九軍偵への機種改変を終えた昭和十六年七月以降の、主な作戦行動を列記してみよう。

▼八月：奥地で塩が不足との情報により、根拠飛行場・漢口から西北西へ二〇〇キロの荊門《けいもん》飛行場に進出し、揚子江の運搬用舟艇と、同飛行場西方の製塩施設を攻撃。

▼九月：中旬の第十一軍による長沙作戦開始にともない、直協隊が地上部隊の直接的な敵を

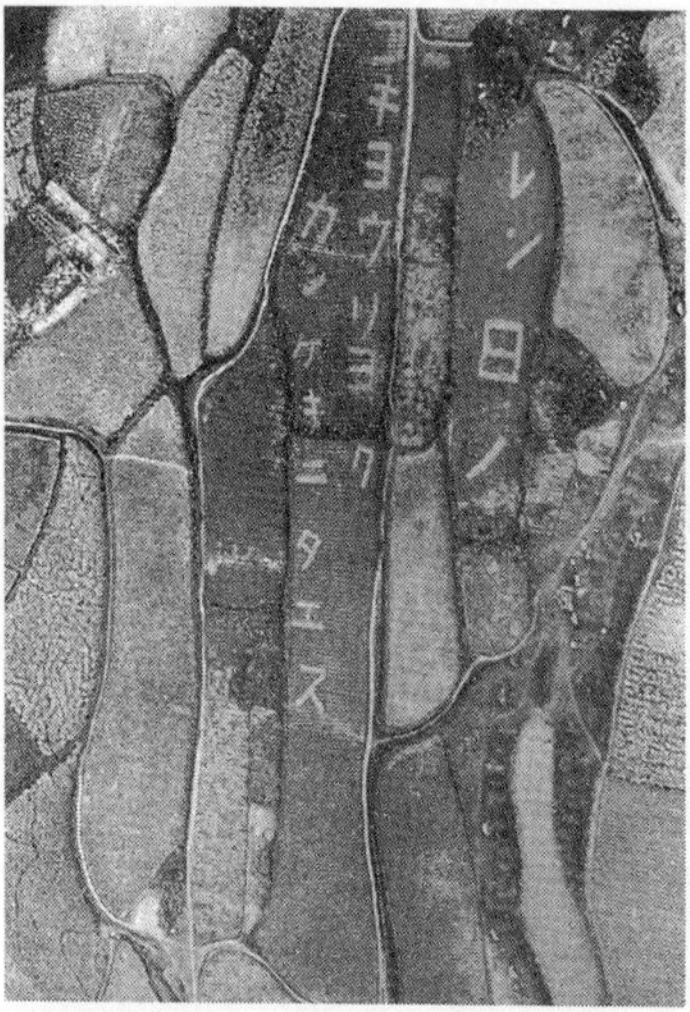

地上部隊が文字の形に麦を刈って飛行機に示した感謝文。「連日の御協力、感激にたえず」とあり、彼らにとって軍偵、直協がどれほどありがたいかを知れる。

叩く一方で、軍偵中隊は白螺磯《はくらき》に前進し、敵大規模集団の捜索と攻撃に従事した。両隊の合計延べ出撃数一五三二機。

▼十二月〜十七年一月：第二次長沙作戦に加わるべく白螺磯に再進出。中国陸軍の抵抗が強力で第十一軍の進撃は停滞し、退却にかかったが主力が妨害を受けた。この退路を、他の飛行部隊とともに銃爆撃によって切り開くのに成功。

▼十七年四月〜八月：空母「ホーネット」発艦のB-25の内地奇襲再発を防ぐため、支那派遣軍は華南東部の敵飛行場と周辺地域を覆滅《ふくめつ》する、浙贛《せっかん》作戦を四月末に開始。軍偵九機が南昌および杭州飛行場から、着陸地になる玉山、温州、麗水、建甌《けんおう》、衢州《くしゅう》などを襲った。

▼十月〜十八年十月：揚子江を航行する艦船への攻撃を十七年十月下旬に始めた。十八年二〜三月は第十一軍の江北殲滅《せんめつ》作戦に荊門から発進、協力し、三月三日には舟艇一六隻を撃沈。十八年四月から十月のあいだに漢口などから九回、延べ五四機が揚子江へ出撃している。

▼十八年十月〜十一月：滑走路が三五〇メートルしかない城内の荊州飛行場に移動し、第十一軍の常徳進攻作戦に協力。前半は軍の指揮連絡と捜索を受け持ち、後半は常徳の陣地を爆撃し、焼夷油脂を投下した。米第14航空軍の戦闘機に見つからないよう、目標付近では超低空飛行をこころがけた。

▼十九年四月〜五月：大陸打通の一号作戦の第一段階である、京漢線（北京〜漢口）南部の沿線地域および西方の黄河流域の確保をめざす、第十二軍主体の京漢作戦に参加。前線に近い華北・新郷飛行場からひんぱんに出動し、密集部隊、車両部隊に痛打を浴びせた。

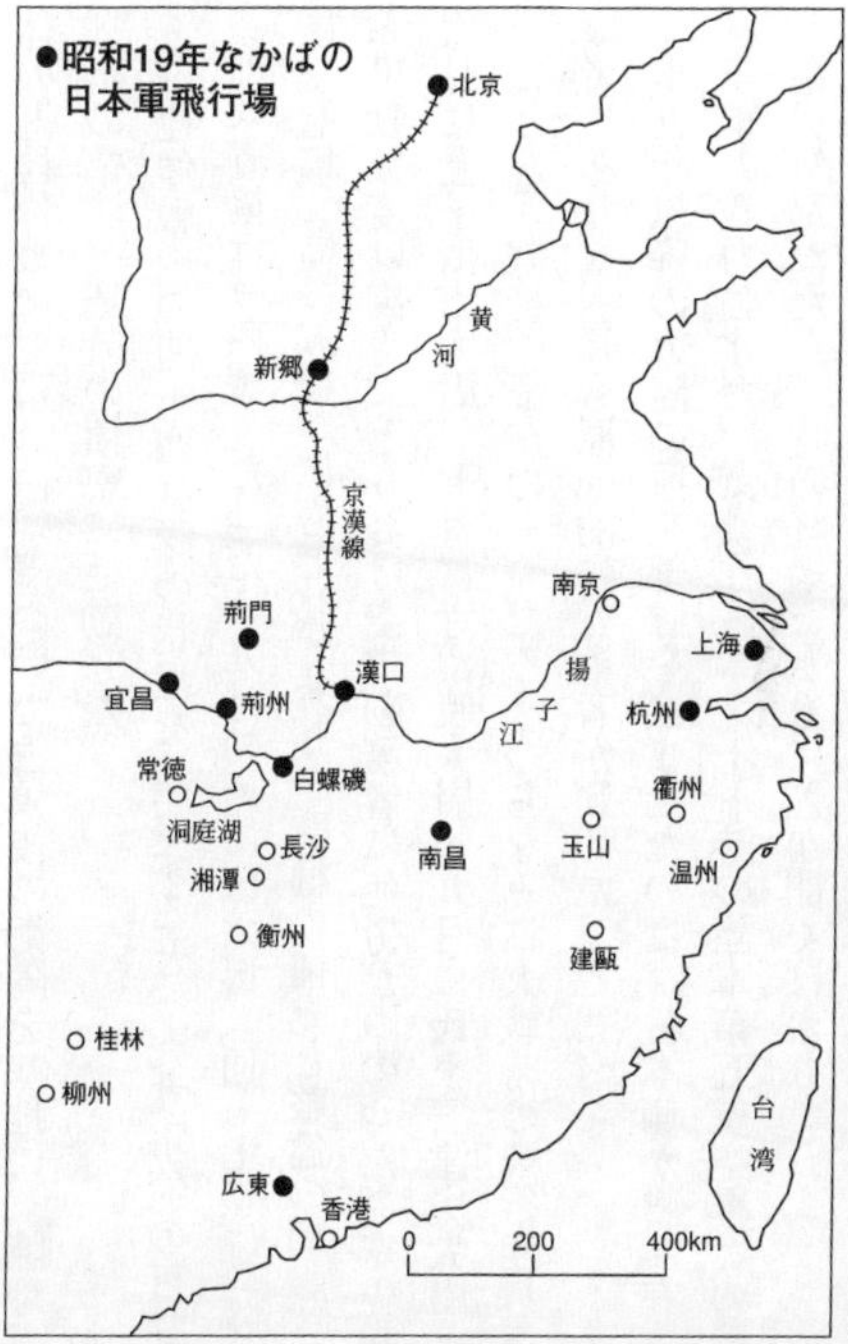

▼五月〜十二月：京漢作戦に続いて、洞庭湖西岸部〜長沙〜華南・桂林、柳州へ向かう第十一軍主

体の湘桂作戦に従事。白螺磯ついで占領後の衡陽《こうよう》を基地に、陣地、施設、密集部隊の爆撃、舟艇の撃沈、随時の偵察に活動した。

湘桂作戦中の四十四戦隊の状況を追記すると、九九軍偵の可動は十九年五月末に一一機（九八直協は一四機）だった。九月初めには六機（同一七機）に半減するが、十一月なかばに一七機（同一五機）にもどしており、機材の補充と整備の順調さをうかがわせる。

出動頻度は高く、とりわけ空中勤務者に疲労がつのった。率先指揮をとる軍偵中隊長が、六月に金子清市大尉、七月に寺沼暁大尉、九月に氏家三津夫大尉と、三名たて続けに戦死したことが、激務の証左の一つだろう。ちなみに大戦時の飛行団以下の陸軍航空部隊の長は操縦者であり、機長も原則的に操縦者が務めた。

十九年以降の大陸の航空部隊を悩ませたのは、日本側から「在支米空軍」と呼ばれた第14航空軍の戦力強化だ。京漢作戦スタート時の陸軍第五航空軍との戦力比は、すでに一対三の大幅劣勢だったが、時の経過とともに差が開くばかり。

十八年四月から一〇ヵ月のあいだ中隊長を務めた大塚正七郎大尉は、下志津飛行学校での甲種学生（中隊長教育を受ける）のおり、九九軍偵で二式戦闘機「鍾馗」との格闘戦を鍛えられ、漢口に着任してからは部下操縦者に、九七戦を相手の対戦闘機戦を演練させた。この成果か、敵戦闘機（おそらくP－40）の撃破や追撃からの離脱成功が報じられたこともあった。

しかしたいていの場合、跳梁《ちょうりょう》する米戦闘機に太刀打ちしがたく、払暁《ふつぎょう》、薄暮、そして夜間の行動を余儀なくされた。軍偵中隊（より低性能の直協隊はなおさら）の疲労の一要因がここにあった。

操縦者は語る

陸軍の偵察分科は、海軍で言う偵察専修すなわちナビゲーターとは違って、各種偵察機の操縦を意味する。

内地で射撃と爆撃の訓練を終えた少年飛行兵六期生出身の四名が、漢口の四十四戦隊に着任したのは、軍偵中隊が機種改変を終えてまもない昭和十六年七月。軍偵中隊と直協隊に二名ずつ配属され、瀧曠《たきひろし》兵長は前者だった。

それまで九九式高等練習機とその同型機の九八直協に乗ってきて、離着陸時のいやな翼端失速に悩まされ続けた瀧兵長（十月に伍長）は、下士官最古参の大堀護曹長がインストラクターとして後方席に同乗する九九軍偵を初めて操縦。高練／直協に比べて「どうやったら失速するんだ？」と感じるほどの操縦特性のよさに嬉しくなった。

もう一つの長所は降下性能。「ユンカースを真似した、といわれたほど。経験したのは四五度あたりまでだが、真っ逆さまに落ちていく感じです」

ふつうは四〇度以内、三五度までが多かった。主要目標は地上部隊のほか橋梁や機関車、

僚機から見た飛行第四十四戦隊の九九軍偵。垂直尾翼の日の丸が戦隊マークで、火の玉部隊、赤玉部隊の異名があった。

ときには散兵壕、トーチカ（陣地）も。高度一五〇〇〜二〇〇〇メートルから機首を左へ振って降下にかかった。

使った爆弾は大半が五〇キロ。ときにはトーチカ内の敵兵を追い出すために、催涙弾やクシャミ弾を投下した。また船を狙って一〇〇キロを積んだことが二〜三回ある。

十八年の春ごろか、前進飛行場の荊門から揚子江の艦船を攻撃に向かった軍偵中隊は、宜昌《ぎしょう》の上流で目標を定めて接敵にかかった。両岸が峻険な地形で、日本機を見つけた敵船はその岸壁に寄ってしまったため、爆撃がひどく困難になった。ちょっと操舵を誤れば、機を岩壁にぶつけてしまう。

下方を飛ぶ九九軍偵に、切り立った山肌に潜んだ機関銃が射弾を放つ。瀧機の機首に命中し、エンジンが息をつき出した。ブー…バッ…ブー…バッ……「これで終わりか」。なかば観念した瀧軍曹は、後方席の後輩・樋口亨之助軍曹に「エンジンニ被弾ス」「停止セバ自爆ス」と打電させた。

だが幸いにもプロペラは回転を維持し、宜昌飛行場に着陸できた。機から降りた瀧軍曹が機首の被弾部分を見ようと歩きだしたら、兵に「だめです！　狙撃されるからこっちへ来て下さい」と引っ張られた。周辺に隠れた敵兵が撃ってくる状況は、海軍の第十二航空隊の零戦が初進出した十五年晩夏のころから変わっていなかった。

偵察将校・下斗米《しもとまい》厚中尉を乗せての偵察飛行中に、自動車部隊を見つけ、銃撃を三度反復して黒煙を湧き上がらせるなど、少なからぬ戦果をあげた瀧軍曹だったが、同じ漢口飛行場にいた一式戦装備の飛行第二十五戦隊に転属したため、九九軍偵搭乗は十八年十月でピリオドを打った。

着任後まもない大橋省三見習士官。

それから九ヵ月をへた十九年七月に、南京からの九七式重爆撃機に便乗して、第一期特別操縦見習士官の学鷲操縦者四名が漢口に着任した。

そのうちの大橋省三見習士官は、秋田鉱専を卒業。応召で入営後、技術幹部候補生に選ばれ軍曹に進級する。しかしともに理系ではあっても、鉱山の知識と軍事技術とは接点がなく、性に合わなかった。そこに特操の募集があり、応じて採用に至ったのだ。

九九襲／軍偵の未修教育は熊本県菊池の第三十教育飛行隊で受けていたが、漢口で改めて戦技訓練にはげんだ。教えてくれるのは前線からもどってきた操縦者たちである。

大陸打通・一号作戦の中盤戦、湘桂作戦の最中だが、実戦参加はまだ無理だ。そこで、薄暮に周辺飛行場へ九九軍偵を空輸し分散する任務を与えられた。米14航空軍のP－51やP－40戦闘機に見つかれば食われてしまうため、軍偵の昼間行動は極力避ける方針がとられていた。

もう戦列に加われるというころの十二月、任官後の大橋少尉はベテランの須中寿一少尉の僚機として、夕刻に漢口を離陸。三機編隊で、占領・修復後の桂林飛行場へ向かった。

三五〇キロ飛んだ中間点の湘潭《しょうたん》上空で突然、大橋機のエンジンは不調におちいり、黒煙を噴き出した。出力が落ち、高度が下がる。水田に不時着するつもりが、沈みが早くて土手に衝突。避けるつもりでフットペダルを踏んだ左足をしたたかにやられ、操縦席で気を失った。

場所は敵味方の中間地帯。幸運にも友軍が駆けつけて救出され、気づいたら漢口の陸軍病院のベッドに寝かされていた。大橋少尉は故障か操作ミスと思っていたが、対空射撃の被弾が原因と、機材の回収時に判明した。以後四ヵ月を病床ですごす。

治ってまもなく、軍偵中隊は華北・唐山、ついで朝鮮の大田（京城の南）に移動、特攻待機に入ったため、大陸での作戦飛行を行なえなかった。

瀧軍曹のころはつねに戦技（無線、写真、旋回銃を扱う同乗者）との二人乗りだったのに、大橋少尉が着任したときには原則的に操縦者だけの搭乗に変わっていた。例外は無線通信が不可欠な指揮官機か、後方席に偵察将校を乗せる偵察任務時だけだ。「前後両席は一心同体。負担に感じたことはありません」と言う瀧氏に対し、大橋氏は「敵を捜すには二人がいいですが、危ない飛行のさいは独《ひと》りのほうが気が楽」と述懐する。状況の変化が生んだ差であり、どちらの言葉にも理があるだろう。

違いは九九軍偵そのものにもあった。瀧軍曹は一般的な集合排気管の機しか見ていない。ところが大橋少尉にとってそれは教育飛行隊での訓練機で、漢口に来て使ったのはどれも単排気管装備だった。

実はこの単排気管に関して、四十四戦隊の知られざる努力があったのだ。

器材を見とおす目

軍偵中隊の装備機を万全な状態に維持するのは、言うまでもなく整備班の役目だ。だが、いかに優秀な整備班でも、交換部品や工具がそろっていなくては腕の揮《ふる》いようがない。こうした必要諸物品の調達、準備を器材班が担当した。

器材班の末田一夫曹長は昭和十二年前期の入営。工業学校の電機科を卒業し、川崎造船所飛行機工場（のちの川崎航空機）で過給機、補機類の配置設計に携わっていたから、整備兵のコースを進むのは当然で、機関を特業（専門担当業種）にし、九二式偵察機から九八直協に改変する独飛十七中隊で整備班に勤務した。

しばしば器材班へ使役（助っ人）に行くうちに、同郷の先輩である器材係から助手になるよう薦められて、これに応じ、伍長に任官後に転出する先輩の後任者に任じられた。独飛十七中隊が四十四戦隊に編入されたのちも、末田軍曹は直協隊で同じ任務を継続した。

十六年の晩秋から半年間、所沢整備学校で機関科の乙種学生として、九九軍偵の整備を学んだため、戦隊に復帰後は軍偵中隊に移って器材係を務めた。エレキとメカの両方を熟知する彼が、いかに重宝な存在かは容易に理解できる。ほかに、乙種学生修了ゆえに機付長を兼務し、ときには中隊長から同乗の戦技役のお声がかりもあった。

末田曹長（十七年十二月に進級）の実行力を示す好例がある。

尾輪柱（尾輪回転軸）を受ける尾輪支持架の強度が弱く、亀裂が生じやすかった。その発見が遅れると着陸接地時に折れ、尾輪が後方へ跳ね上がって尾端部を破損してしまう。同じ事故が九九軍偵にたびたび起きたため、漢口および南京の第十五野戦航空廠分廠に、交換用の尾輪支持架の在庫がなくなった。

欠品状態が長引くにつれ可動機が減って、作戦に支障をきたす。そこで末田曹長は、アルミ合金製の支持架を同一寸法の鉄製に変える依頼を提出。航空廠の技術将校は「支持架を丈夫にしすぎれば、逆に機体に無理がかかって壊れる。亀裂が入ることで緩衝の役を果たしているのだから、材質変更は不可だ」と回答した。

亀裂が入るのを予定した設計など、するはずがない。曹長は鉄製支持架の試作と実験を申し出、許可を得て試したところ、亀裂も機体の破損もない好結果が実証され、面目を施した。支持架材質の現地での変更製造に続いて、やがて生産ラインにも取り入れられたという。

既述のように十九年に入ってからの大陸の航空攻撃は、米戦闘機に阻まれないよう、たいてい昼間を避けて実施された。夕刻〜未明の飛行で問題になるのは排気炎だ。

漢口飛行場でP-38の残骸の上に上がった末田一夫曹長(右)。同年兵の大陰曹長と笑顔を見せる。

米14航空軍も中国空軍も、単座戦闘機による夜間邀撃はまずやらない。P-61夜間戦闘機装備の第726夜戦飛行隊が中国戦線に進出するのはこの年の晩秋で、まだ後のこと。青く輝く排気炎をめがけて撃ってくる侮りがたい敵は、地上の対空火器だった。

五航軍の指令で他部隊の九九式双軽爆撃機には、野戦航空廠により消炎装置が付加された。これは集合排気管の排出口に直接に装着する、二重構造の筒型のもので、十九年のなかばごろか四十四戦隊にも、軍偵への応用を想定して約四〇本がもたらされた。

受領役の末田氏の記憶では、三〇センチほどの直径で、長さはおよそ二メートル。左右の胴側に取り付ければ、かなりな抵抗増を招く。同時に、排気の排出力が落ちて気筒の背圧が高まるから、出力の低下は避けられない。試験飛行の結果、二六〇〜二七〇キロ/時の巡航速度が二〇キロ/時遅くなると判明。整備兵にとっては着脱作業が負担になるし、筒が高熱化し翼根の燃料タンクを爆発させる恐れも予感された。消炎効果以外はいいとこなしの器材なのだ。

ややたって戦隊本部付の兵器係将校・権業《ごんぎょう》中尉が、末田曹長を戦隊本部に呼んで「部隊独自の消炎装置を考えてみてくれ」と切り出した。

辣腕《らつわん》、整備の曹長二人

権業中尉はまた、整備班の中堅幹部の小原《こはら》禎二《ていじ》曹長と穂積銑一曹長にも、消炎装置の案出を要望していた。

小原曹長は十二年後期の入営、穂積曹長は少飛六期の出身だから、末田曹長よりも半年および一年軍歴が短いが、所沢飛校の卒業は穂積曹長がいちばん早く(在校期間も長い)、末田、小原両曹長は同時だった。いずれにせよ、技量と経験の両面で部隊の中核をなす面々に違いなかった。

湘桂作戦のため、軍偵中隊の主力は白螺磯へ進出中だった。漢口飛行場の一角の器材倉庫で、三人の曹長が消炎装置がらみの雑談中に、P－40や、同居する二十五戦隊の単排気管装備の一式戦闘機「隼」の話になった。

「あれは排気炎を出さないが、特別な装置を付けてるわけじゃない」と小原曹長が言う。末田、穂積両曹長もそのことは分かっているから、話はすぐに進展し、排気炎抑制の原因は炎を分散させる単排気管方式にある、と推測が一致。続いて「九九軍偵を単排気管に」との意見がまとまるのに時間はかからなかった。

筆の立つ末田曹長は、改修作業の方法と要点を計画書にまとめて提出した。そのうちの一項に「耐熱鋼製の排気管を新規に作るのは困難なので、廃器材集積場で流用可能なものを探す。耐熱用溶接棒は野戦航空廠で準備」があった。

操縦者で整備班長の緒方淳中尉の賛同を得られた。材料は分廠に捨て置かれた敵機のものとおぼしき空冷エンジンの排気管、と末田氏は記憶する。穂積氏は「P－40やP－47、一式戦などの排気管を、末田さんから航空廠に連絡し集めてもらった」と手記に綴っている。小原氏はまた違って、二十五戦隊で廃棄、放置された一式戦のエンジンが単排気管だったので、使おうと考えたそうだ。時期からして、この機は三型ではなく、いわゆる二型改だろう。「使用したのは一式戦のものだけ。管の配置も倣《なら》いました」という氏の回想が、最も信憑性《しんぴょうせい》が高いのではないか。

敵機の脅威が増していた昭和19年1月、冬枯れの上海・大場鎮飛行場で戦力回復中の四十四戦隊の九九軍偵(集合排気管型)と整備班。右から2人目が穂積銑一曹長(この時は軍曹)。

立川飛行機で転換生産の新しい九九軍偵ではなく、古いが出来のいい三菱製機が用意された。集合排気管を除去したのち、エンジンおよび機体に合わせて、排気効率が落ちないように形状に気を遣いながら、材料の排気管の切断と溶接をいくたびも実施した。管の足りないぶんは野戦航空廠（正確には改編後の第十五野戦航空補給廠第一支廠）の在庫を提供してもらった。

一気筒につき一本ずつ排気管を出すのだから、当然カウルフラップを切り欠かねばならない。航空兵器は重要度の高い順に第一類〜第四類に分けられ、機体の一部であるカウルフラップは第一類兵器に属する。したがって、しかるべき許可を要するが、そんな手順を踏んでいたのでは埒《らち》が明かない。

「勝手に加工すれば処罰されかねない」と思案の末田曹長。思いきりのいい小原曹長は、どうなってもいいと決意し「じゃまな部分は切らねば、取り付けられません」と、金切りバサミで切断してしまい、良好な形に作り上げた。

集合式に比べ単排気管は、背圧が激減して排気効率が高まり、混合ガスの吸入がよく、実質的に出力が向上する。これに対応すべく、気化器の油面調整用針弁座金とノズル径の変更を行ない、どちらもうまくクリアーできた。

どちらも単排気管方式の九九式軍偵察機だが、排気管の出方がまったく異なっている。右の機が飛行第四十四戦隊のタイプと思われる。敗戦後の台湾・松山飛行場に置かれたもの。

野戦航空補給廠との連携と諸器材の調達を末田曹長が、実作業の進行を小原、穂積両曹長が、それぞれ見事にこなして、改造作業は一ヵ月近くのちに終了。夜の試運転で排気炎の小ささが確認され、彼らは苦心が報われた嬉しさにひたった。

ほかに二つの利点がもたらされた。まず、各曹長が同乗してくり返したテスト飛行で、出力増と排気のロケット効果によって速度がおよそ二〇キロ／時向上。同じハ二六－Ⅱエンジン装備なのに、筒形消炎装置を付けたときと四〇キロ／時もの差が生じたわけである。次に、爆音の変化。おかげで整備時に、不良爆発を見つけるのが容易になった。

好成績に喜んだ戦隊本部の命令で、改造の要点と結果を穂積曹長が報告書にまとめて提出。十月ごろ、三名の曹長と助手の機付兵三名に対し、五航軍司令官・下山琢磨中将名の賞詞が漢口に届けられた。まさに異例の栄誉と言えよう。

四十四戦隊・軍偵中隊の装備機は、彼ら六名と野戦航空補給廠の手で、全機が単排気管式に改造された。大橋少尉の記憶のとおりだ。二十年に入って、初めから単排気管の生産機が漢口に飛来したが、華北へ飛び去り、軍偵中隊には配備されなかったといわれる。

十九～二十年は各種の飛行機が単排気化された時期だが、九九軍偵の場合は、五航軍司令部が四十四戦隊から受け取った改造報告書が、航空本部へ伝えられての産物だったのだろうか。

再生零戦今昔《こんじゃく》物語
――ニュージーランドへ運ばれた二二型

既知との遭遇

「私は寺坂吉右衛門《きちえもん》なんですよ」

零戦操縦員だった木名瀬信也《きなせのぶや》さんはときおり、この言葉を口にする。

寺坂吉右衛門信行は赤穂浪士四七名のうちの最下級者（足軽）で、浪士たちの吉良邸討ち入りを世に知らせるため落ち延び、唯一切腹をまぬがれたとされる人物だ。

第十三期飛行専修予備学生として海軍に志願入隊。筑波航空隊で実用機教程を終え、錬成員をへて教官に任じられた木名瀬中尉は、進級直後の昭和十九年（一九四四年）十二月から、少尉に任官したての十四期特修学生（十四期予学終了者）に零戦の操縦を教え始めた。

翌二十年の二月に筑波空の十四期特学の特攻隊員化が決定し、筑波隊と総称された。特攻に「熱望」で応じ、隊長の一人に選ばれた木名瀬中尉だが、上層部による教官最適任の判定が作用したためか、結局残留を余儀なくされる。

特攻要員を指導・訓練し、特攻隊長に任じられながら、出撃の機会なく敗戦を迎えた木名瀬さんは、戦後の世に特攻筑波隊と末期の海軍航空の実情を伝えようと、寺坂吉右衛門の役を負う意志を固めた。ただ、出身の軽重は寺坂と大いに異なり、十三期予学の資格になる師範学校の二段階も上、いまの大学院大学に似た東京文理科大学の卒業だった。

語り部として彼は十分な役目を果たしてきた。特攻に対する予備士官の気持ち、予備士官と兵学校出身将校の関係などについて、偏《かたよ》らず、分かりやすくてブレのない筆致で綴ったいくつもの手記を、読んだ方は少なくないだろう。

文部省事務官、大学講師など教育関係の道を歩んだ木名瀬さんが、英文学教授を勤めた短大で、女子学生の夏休みのホームステイ先を探したのは昭和五十六年（一九八一年）。相手国の人々との交流が戦争防止につながる、との観念が基盤だった。当時、大学主催による学生の集団ホームステイはまだ珍しかった。目に留まったのが、前年に東京〜オークランド直行便が開設されたニュージーランドである。

直行便ができたことで観光・広報担当者が売り込みに来日し、木名瀬さんの短大にニュージーランド人の講師が来ていたことなどから、オークランドがホームステイ先候補にあがった。五十六年の二月に視察に出向いたところ、風紀に問題を生じがちなアメリカに比べて、地味で真面目な国民性と都市の安全度の高さが分かり、すみやかに決定がなされた。

1958年(昭和33年) 3月下旬にニュージーランド北島南部のオハケア基地で開催の空軍創設21周年記念祭を前に、格納庫の中で展示準備中の零式艦上戦闘機二二型。展示作業の直前に上面が暗緑色と明灰色の奇妙な迷彩に塗り変えられており、この塗装のままで、以後40年近くもが経過していく。

七月を迎え、約四〇名を引率してオークランドに到着。手配、対応を終えた余暇に、旧跡や博物館を巡った。オークランド戦争記念博物館で木名瀬さんの目は、物置のような場所に放置された状態の零戦にクギ付けになった。かねて聞き知っていた機は「これだったのか」と。

暗緑とライトグレー二色で迷彩された二二《にいにい》型は、全体に疲弊した感じで、いいかげんに扱われているのが歴然だ。零戦に心あらば、やるせないに違いない。彼は博物館の学芸員に、塗装の考証ミスや取り扱いの向上について申し入れた。

館側に変化が出たのは、その後二年ほどしてからだ。まず、正確な塗装にしたいからと資料を求めてきた。学生のホームステイのため毎年オークランドへ出向く木名瀬さんは、資料協力に加え、零戦や搭乗員に関するレクチャーを館員に行なった。

その結果、零戦は展示物として正当に扱われるようにはなったが、機材だけでは骨董屋《こっとう》の置物と変わらない。人的な要素《ヒューマンエレメント》がなくてはと、復員時に持ち帰った自身の航空帽、航空衣袴《いこ》（飛行服）、各種軍装、短剣を、戦利品のかたちで展示しないことを条件に、惜しげもなく寄贈した。

木名瀬さんのオークランドにおける零戦との邂逅《かいこう》から、一一年をさかのぼった昭和四十五年、かつての零戦搭乗員が集《つど》ってアメリカのサンディエゴへ行き、米戦闘機パイロットたちと交歓したことがあった。一行に加わっていた彼は、同行の柴山積善《せきぜん》さんから「ニュージーランドに今も零戦があるはず。ブーゲンビルでその機に私が乗って、特攻に出るはずでした」と聞かされた。

オークランドからもどった木名瀬さんに、零戦の実在を告げられた柴山さんは、この機が現地での再生機だったことを説明し、指揮をとった元中尉の川口正文さんを紹介した。

進んで残留指揮官に

昭和五年（一九三〇年）の第一期予科練習生（のちの乙飛一期）を受けたが、検査の要領を得ず適性で不合格。素質を惜しんだ世話役の下士官から普通科整備術練習生の受験を勧められたのが、川口青年の一五年間におよぶ航空整備勤務のスタートだった。

昭和18年8月ごろ、ラバウル東飛行場で第二〇一航空隊の整備員がくつろぐ。手前の機首下面は零戦二一型、遠方の2機が二二型で、いずれも二〇一空の所属機。尾翼に記された数字の「2」は整備班の番号(1〜9を使用)を示しており、1個班が3〜4機を扱った。ラバウル進出後まもなく、それまで用いた部隊記号の「W1」をこの書き方に変更したものと思われる。

十一年に高等科へ進み、十七年九月には准士官に。その三ヵ月後に転勤した新編・第二〇一《ふたまるいち》航空隊が、川口整曹長にとって初の零戦部隊だった。零戦は整備側にとっても扱いやすい、よくできた機材で、下士官兵整備員を掌握する立場の側からも問題は生じなかった。

中部太平洋に展開した二〇一空は、一時的に一部戦力が北千島へ移動ののち、十八年七月中旬にラバウル東飛行場に進出。ソロモン諸島空域を主体に、南東方面の激しい消耗戦にまきこまれる。

当時、零戦隊の主力基地は、ラバウルから南東へ三〇〇キロ、北部ソロモンのブーゲンビル島南端に位置するブインだった。二〇一空の主力も七月下旬にブイン基地（ブイン第一基地。カヒリ飛行場）に移り、中部ソロモンへの進攻とブイン防空に従事した。

約三〇〇名の地上員の主体は、整備長・小西大尉以下の一〇〇名余からなる整備科だ。機関学校出身の整備士（整備長の補佐役）の中尉、整備予学出身の少尉につぐ立場の山中芳吉整曹長が、九月ごろ早朝の試運転時に低空を来襲した敵機に撃たれ、片腕を負傷してラバウルへ後送された。その交代に川口整曹長が、九六陸攻に便乗してブインに着任する。

米軍のブインへの空襲が本格化したのが、この十八年九月である。「零戦は他部隊（二〇四空）を含め五〇〜六〇機あったが、一回の戦闘で一〇機前後を損耗」（川口氏回想）する状況のなかで、ブインの北北西十数キロのトリポイル飛行場（ブイン第二基地）が下旬に完成し、二〇四空が移動したため、ブインの可動機は半減。二〇四空はまもなくラバウルへ下がったので、十月中旬から下旬にかけてほぼ連日、来攻する米陸海軍機、海兵隊機の戦爆連合を、二〇一空だけが二〇〜三〇機の零戦で迎え撃った。

十月二十二日の爆撃はすさまじく、爆撃で滑走路は月面のように穴だらけ。着陸不能と化したため、零戦はブーゲンビルのすぐ北のブカ島へ向かった。地上員は設営隊を手伝って、直径一五メートルの大穴に、使用不能の零戦をアンコに入れ、埋めもどしに努めた。しかし人力ではとうてい無理なうえ、今後の被爆を防ぐ手だてもないので、ブイン基地は以後「作戦基地の機能を喪失」と判定された。

加えて二十七日には、ブインの南わずか六五キロのモノ島に米軍が上陸、占領した。

これらにより、二〇一空のブカ島へ（ついでラバウル東へ）の転進が決定。転進とは聞こえがいいが、実質は後退、撤退である。空襲後、零戦が降りられるように幅二〇～三〇メートルの応急滑走路を、やっと仕上げたところだった。

ラバウルやソロモンの海軍部隊の最高指揮組織である、南東方面艦隊司令部の方針には、決戦時にブイン再進出のわずかな可能性が含まれていたため、地上員の一部を残留隊（正式には派遣隊）として留まらせることになった。隣接の中部ソロモンが敵手に落ちたいま、「ラバウル天国、ブインは地獄」といわれたこの地に、いつ敵地上軍が迫っても不思議はない。隊員が残留を好ましく思わないのは当然だった。

指揮官として准士官以上の分隊士が必要だ。整備士と二名の分隊士による協議のさい「私が残りましょう」と川口整曹長が意志を述べた。整備士は本隊で整備長を助けねばならない。また、予学出の少尉では経験不足だ。

「私なら兵もついてくるから」という彼の言葉は、自慢でも誇張でもなかった。一四年間の海軍生活で叩き上げてきた老練の二十九歳。僻地《へきち》の果ての最前線で耐えるのに、下士官兵の部下から慕われる、豊かな対応力と落ち着いた性格は大きな要素だった。

残留者を決めるのに希望はとらず、川口整曹長が名簿から選んでいった。このまま負け戦《いくさ》になるとは考えなかったので、零戦の再進出に応じうるよう優秀な者を指名した。技量に秀でた難波《なんば》上整曹、練習生の成績がトップクラスの針生《はりお》二整曹といった具合だ。

後退組のひとりが「残留組の落胆ぶりは見るに耐えず」と感じたのは、人情としてむしろ自然だろう。今沢志郎上整は後退組だったのに、引き揚げの駆潜艇に乗る直前にひょんなことから残留に変わり、ひどく落ちこんでしまった。海路による後退で船艇が撃沈され、戦死者も少なからず出たから、どちらが幸いだったか分からないのだが。

二〇一空派遣隊としての残留は、整備科二個班三十数名、ほかに車両科、主計科、看護科、兵科気象班十数名の、合計約五〇名である。テント住まいから空き家の士官宿舎に移住、下士官兵には無縁だった大桧《ひのき》風呂の湯につかり、ささやかな余禄を味わった。

生きるための作業

ソロモン諸島で最大のブーゲンビル島は、面積が九州の四分の一もあり、陸軍第六師団の三個連隊が守備していた。海軍は第八艦隊司令部を筆頭に、陸戦隊、防空隊、通信隊、設営隊が在島し、それらの大半はブインに所在した。海軍合計一万三〇〇〇名、うち五〇〇〇名は前線他島からの引揚者だ。

航空隊については二〇一空のほかに、二〇四空および夜間戦闘機「月光」部隊・二五一空の残留地上員がおり、二〇四空の残留隊の居場所はトリポイル基地だった。二五一空の十数名は二〇一空残留隊に加わり、川口整曹長の指揮下に入った。

残留各隊にとって幸いなのは、米軍がブーゲンビルを攻略せず、単に無力化し、飛行場を設ける方針だったことだ。十一月初め、同島中部の西岸のタロキナに敵が上陸し、海空戦が展開され、地上戦も行なわれたが、ブイン周辺の情勢に特段の変化はなかった。制空権もすでに失われていたことでもあったし。

二〇一空残留隊は無事に、昭和十九年の正月を迎えた。まともな食糧が少しは残っていて、それぞれが一口の清酒と二切れの小さな餅で祝い、川口整曹長は「餅のようにねばり強く、何年でもがんばり抜こう」と訓示した。

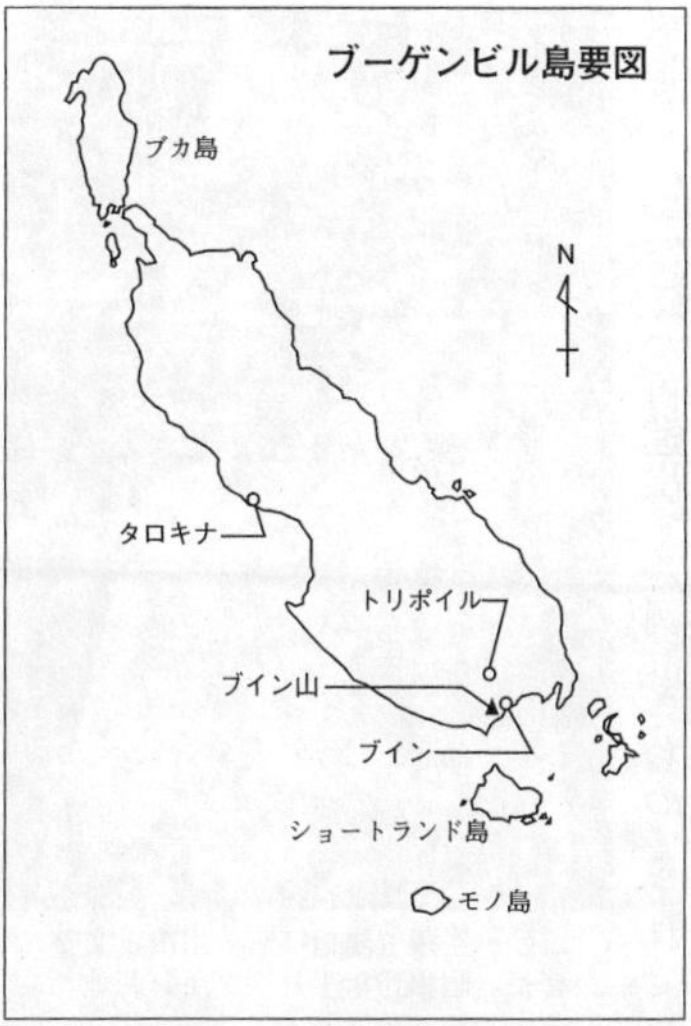

ブインの南のショートランド基地にいた水上機部隊の九三八空も、ブカからラバウルへと去っていた。残留の地上員十数名は、正月をすぎたころ二〇一空残留隊に加わった。

それからまもなくの一月十三日の夜、ラバウルから九三八空の零式水上偵察機が、八艦隊司令部の副官を乗せての要務飛行で、単機ブインに飛来した。タロキナの敵地上軍への反撃を予定しての行動

二〇一空残留隊指揮官・川口正文整曹長。昭和19年1月、ブイン基地。

である。ブイン山の下の川に秘匿《ひとく》の係留場所を設営隊が作って、飛行隊長・美濃部《みのべ》正大尉の指揮で零水偵一〜三機が進出し、ラバウルとの連絡・要務飛行のほか、夜間の哨戒、魚雷艇攻撃をくり返した。

　三月に入ると、飛行長から昇格した司令・山田竜人《たつと》少佐、後任飛行隊長・野城《やしろ》英保中尉（すぐ大尉に進級）が常駐したため、ブインは九三八空の基地になった。撤退した航空隊が再進出する例はきわめてまれである。川口整曹長が指揮する各航空隊の残留者（今沢氏の回想では、この時点で二〇四空を加えて約一〇〇名）は全員、九三八空に編入された。

　将兵の生活は、部隊、組織ごとに営まれた。生きていくのに最たる必需品は食糧だが、内地からの米や副食品の補給は、ないに等しい。航空糧食をふくむ備蓄は乏しくなる一方。そこで集団ごとに農園を造るのは、自然の成り行きだ。

　島民はタピオカ、椰子《やし》の実の澱粉《でんぷん》、タロ芋などを食べるが、各農園では扱いやすく収穫も早くて確実、葉も食べられるサツマ芋を主に栽培した。副次的にカボチャやキュウリも植え付け、パパイアも収穫した。爆弾の大穴に降雨が溜まって池になり、発生したメダカ類、ウナギ、それを狙って来る鳥も食料にできた。

海中には、確実なタンパク源になる豊富な魚がいる。機転がきく川口整曹長は、かつて零戦や九九艦爆にかぶせた擬装網の、魚網への転用を思いついた。隊員が擬装網をほぐして編み直し、でき上がった小型の地引網を、漁師だった隊員のリードで河口あたりに入れてみたところ、予想以上の大漁に大喜び。網が損耗するまで漁労は続けられた。

ブインの浜で元二〇一空残留隊員が零戦や九九艦爆の擬装網を転用した魚網を使用の漁にいそしむ。手前はショートランド水上基地から運んだ零式観測機の主フロートを改造したボートで、尾部に船外機を付けて網の転張と魚釣りに使った。

農園での収穫の量や時期は、隊により差異があり、一五〇名もの栄養失調死を招いたところもあった。

九三八空でも栄養不足は否めなかったが、二〇一空残留隊以来の配慮が功を奏し、農園の逐次増加、作業の向上で切り抜けた。もうひとつの難敵・マラリアにも大半が罹患《りかん》しながら、これも大事には至らなかった。

零戦よみがえる

その後に実質的戦力を失った九三八空は、十九年十月（書類上は十二月十日付）に解隊。山田司令はトリポイル飛行場の防備を担当する第八十二警備隊の司令になり、隊員も八十二警に転勤して同飛行場の旧二〇四空宿舎へ移った。

翌二十年四月下旬の夜、医薬品を積んで奇跡のように飛来した二式飛行艇で、山田中佐と野城大尉ら水偵搭乗員は内地へ帰還し、以後は在ブインの第二十六設営隊長だった伊藤三郎中佐が司令を務める。

前年十月にブーゲンビルの敵は米軍からオーストラリア軍に変わり、南下しつつあった。対抗苦戦する六師団の将兵の「死ぬ前に日本の飛行機を見たい。誤爆されてもいい」という切実な声を受けた元二〇一空の整備員のなかから、零戦修復の声が上がったのは五〜六月のころだ。「われわれの本務は農耕ではありません。直させて下さい」との願いに川口少尉（十九年五月に進級。二十年五月の中尉進級は通知が不到達）も同意快諾し、作業の指揮をとった。

トリポイルには設営隊が作った掩体壕が二〇以上ある。中に置かれた残存機のほとんどは大修理を要する手に負えない状態だったが、損傷が比較的軽く中修理で直せそうな零戦二二型が一機だけあった。ただしエンジンがだめなので、ブイン基地にも出向き、程度がいいのを探して整備台帳と照合し、部品の交換を進めた。

迫りくる敵に対し斬り込み隊を編成し、椰子の木で陣地を構築しながら、掩体内での修理、整備が進められ、七月に入って一ヵ月がかりの作業が終了。一年一〇ヵ月ぶりの零戦始動の日が訪れた。

腕利きの針生上整曹が操縦席に着く。機首下に挿《さ》したエナーシャ・ハンドルを大和三四郎一整曹が全力で回し、席内の主スイッチを入れる「接続《コンタクト》」の合図を送った。しかしエンジンは発動しない。代わった者がハンドルを回したが、やはり反応はなく、失望でその場に座りこんだ。

始動不能の原因は、点火栓に火花をとばす磁石発電機《マグネット》の不良にあった。長らく放置してあったうえ、マッチがわりの着火用具に使っていたため、磁力が衰えたのだ。すぐ各隊にマグネット供出が伝えられ、二〇個ほどが集まったが、どれも劣化品だった。

良品をラバウルから取り寄せる以外にない、と川口少尉は通信科に打電を依頼。第一〇八航空廠に在庫があり、零戦操縦員に持たせて水偵で夜間に届ける旨の返信が来た。

ラバウルに残されていた旧九三八空の零水偵に乗って、元二〇一空の残留搭乗員の柴山上飛曹（乙飛十三期出身）がブインに到着したのは、七月十日ごろ（月末？）だったという。携えてきたマグネットはさっそく零戦に装着され、みごと発動に成功した。

試運転は昼間に何度かくり返され、確実なエンジン回転が実証された。兵器整備員により機銃の試射も問題なく終わった。このあと滑走テストをすませたら、試飛行を実施する予定だった。

零戦の奇襲で敵を攪乱《かくらん》するのが整備員の願いだったが、柴山上飛曹の目的はラバウルへ持ち帰ることにあった。また、トップ組織の八艦隊司令部は最後の突撃で、爆装させたこの機を特攻攻撃に用いる計画を立てていた。

遥かな南半球の地で

電報で知らされた敗戦。上空に飛来した敵機の下面に「日本降伏ス」と大書してあった。八艦司はタロキナで九月八日、オーストラリア軍との降伏調印をすませた。

九月十四日（十三日か？）、連絡機でトリポイルに降りたニュージーランド空軍情報将校が、前日に存在を知った零戦を確認して、飛行可能かを八十二警に打診。軍医の通訳で川口少尉が状態を説明し、「脚の作動は大丈夫か」との質問に「次の来隊時にお目にかける」と答えた。

同空軍側には、タロキナのピバ飛行場まで柴山上飛曹に空輸させる考えもあったが、艦船に突入される恐れから取りやめた。空路以外には、道なき道の陸送しか手段はない。

零戦での飛行を望むビル・コフォード空軍中佐が十五日、整備将校を連れてトリポイルに飛来。川口少尉らは試運転ののち、両翼下に脚立をかませ、打ちこんだ杭に尾部を載せて零戦を水平姿勢に浮かせたのち、脚の出入を実演してみせた。

コフォード中佐は操縦席に座ると、計器やレバー類の用途、操作を、翼根に立つ柴山上飛曹に質問した。回答は新川主計少佐が翻訳して逐一伝えたところ、彼は「日本機はドイツ機と同じだから」と納得し、修復度の高さを認めて、飛ぶ意志を固めたようだった。

トリポイルからピバ飛行場に零戦を運んだビル・コフォード空軍中佐(左。右はG・N・ロバーツ少将)。防眩用に塗り残した機首上面以外は白一色で、日の丸は緑十字に変えられている。主脚カバーの下半分がないのは、トリポイルでの脚作動テスト時に収納部と干渉したため外したのかも知れない。

手動ポンプで四〇〇リットルの燃料を入れた再生零戦を、〝初飛行〟させたのは中佐だった。エンジン再始動後タキシングして滑走路に出、問題なく離陸。作動トラブルを懸念して脚を出したまま飛び続け、三〇分あまりのちピバ飛行場に着陸した。

主脚を引き込めずに北西へ飛び去る零戦を、八十二警の隊員たちが見送っていた。機影が見えなくなってから、川口少尉の胸に「ああ、もったいないことをしたものだ」という気持ちが湧き上がってきた。

捕虜になったブーゲンビル島の日本軍将兵は、ブイン南東五〇～六〇キロの五島に分かれて抑留生活を送った。タウノ島です

オークランド西部のホブソンビル空軍基地で1945〜46年に撮影の、白色を落とし元の塗装にもどされた二二型。垂直安定板の「2」が二〇一空所属を示している。18年10月22日に二〇一空がブカ基地へ向かったときトリポイルを経由しており、そのさいに残置された機と推定できる。機体各部の銘板類から、少なくとも5機分のコンポーネントを用いてあると判明した。

ごした川口少尉たちが海路、浦賀に帰着したのは半年後の二十一年二月であった。

一方、船載で運ばれた零戦は十月二十日にオークランドに入港し、近郊のホブソンビル空軍基地に到着。制式機体番号NZ6000を与えられ、空戦訓練に用いるため再整備と機体完備ののち再飛行をめざしたが、未遂に終わった。

零戦に対する基地側の関心はしだいに薄れ、オークランド戦争記念博物館も受け入れ準備が整わず、ホブソンビルに放置される状態で、マニアに部品が持ち去られたりした。一九五〇年代にはオークランドや南のオハケア空軍基地でのショーに、塗装を変えて見世物的に展示され、ようやく一九五九年（昭和三十四年）十二月に戦争記念博物館に引き取られた。

同博物館もそれから二〇年以上のあいだ、満足できる扱いではなかったことは、冒頭に記した木名瀬さんの証言のとおりだ。日本における自国大戦機のずさんな保管を思えば、文句を言える筋合いでは到底ないが。

1997年8月15日、オークランド戦争記念博物館で零戦の除幕式を終えて歓談する参加者たち。左から野口秀明さん、柴山積善さん、2人おいて同博物館名誉会員の木名瀬信也さん。

いまやきわめて貴重な存在となった零戦二二型を、博物館は可能な範囲でレストアにかかり、一九九七年（平成九年）の夏に再展示しうるメドが立った。

記念式典の除幕式を戦争終了・対日戦勝利の八月十五日に定めた同館から、二ヵ月ほど前に木名瀬さんに、列席を請う通知が届いた。すでに話してあった柴山さん、川口さんにも来てもらえまいか、とのことだった。

川口さんの出席は重要だろう、と木名瀬さんは考えた。再生を直接に指揮した、この零戦に最も関わりが深い人物だからだ。残念ながら体調や都合を整えられず、川口さんは行けなかった。柴山さんは参列に同意し、ラバウルで敗戦を迎えた元九三八空の零水偵の下士官操縦員・野口秀明さんを同行した。

当日の除幕式は、零戦を覆う布を、日本からの三人が取り外すかたちで行なわれた。零戦は行き届いた考証のもと塗り直され、可能な範囲で修復されており、木名瀬さんをホッとさせた。専用の展示室もりっぱで、敗戦国の飛行機への行き届いた対応に感動を覚え、スピーチに「ここで保存してくれてありがとう」と謝意をこめた。

館側はスピットファイアの展示式典を一ヵ月後へずらす配慮をなしたが、零戦の式典がVJディ（対日戦勝記念日）なのを気遣《きづか》った。この点についても彼は「日本にとって生き延びた日《サバイバル・ディ》なのだから、差し支えありません」と返答した。寺坂吉右衛門の役割はオークランドでも、過不足なく果たされたのだった。

ドロナワ式対潜作戦始末

——海面下の脅威《きょうい》と闘う飛行機

狭小な島国で、戦争に必要な原料を外国に頼る日本。海上輸送のルートを守り抜けなければ、勝利をつかめようはずはない。海上輸送ルートの守備、すなわち船団の護衛は、敵潜水艦との戦いが主体だ。また、戦闘用艦艇のみで構成する艦隊にとっても、水中からの雷撃の脅威は大きかった。潜水艦隊の撃滅がいかに大切かは、容易に理解できる。

しかし、攻めるのには熱中しても、持続的な防御の苦手な日本人に、対潜作戦はそもそも向いておらず、有効な兵器や戦法の開発も後手にまわった。英米の対潜哨戒機とドイツのUボートが、抜きつ抜かれつの技術戦を演じ続けた、ヨーロッパのレベルと比べれば、まさに大人と子供ほどの差がついてしまった。

ここでは、多くのマイナス要因を背負いながら、日本の対潜作戦の主役を務めた海軍航空の姿を、各面からながめてみたい。

〝原始的〟な対潜装備

浮上時はもとより、潜航中の潜水艦でも、上空から目視するのが最も簡便で容易な発見法である。艦上からでは偶然に潜望鏡でも見つけないかぎり、視認が絶対に不可能な潜没潜水艦を、二〇〜三〇メートルの深度なら機上から比較的容易に見つけてしまう。潜水艦の強敵が飛行機なのはこのためだ。

目視のみによる索敵の場合、使用機は機種を問わない。洋上航法をこなせる複座以上の多座機で、できれば航続力の大きいほうが望ましい。爆弾懸吊架を付けられれば、赤トンボでも対潜哨戒に用いうる。第二次大戦を通じて、対潜用機のほとんどが他機種の転用だったのは当然で、問題はどんな装備を積むかにあった。

開戦時の海軍の対潜哨戒用機は、二座および三座の水上偵察機、多座の飛行艇、三座の艦上攻撃機、二座の艦上爆撃機の各制式機があてられていた。すなわち九五式水偵、零式観測機、九四式水偵、零式水偵、九七式飛行艇、九六式艦攻、九七式艦攻、九六式艦爆、九九式艦爆といったあたりで、新型機は艦隊、外戦用基地航空隊、内戦部隊の順に配備されていった。

九六式陸上攻撃機、一式陸上攻撃機も早期から哨戒任務についたが、捜す相手は米機動部隊だった。海軍機で最高の破壊力を備える陸攻が、対潜哨戒をも受け持つのは、敵潜水艦の

潜水艦の水上航行は夜間に行なわれるため、目視でこんなぐあいに発見できる状況はほとんどない。米海軍潜水艦の代表的タイプの「ホークビル」。

行動が活発化し、被害がめだってきた昭和十八年（一九四三年）以降だ。

搭載兵器は対潜水艦用の九九式六番（六〇キロ）または一式二十五番（二五〇キロ）二号爆弾。もちろん通常爆弾も使えるが、対潜用二号爆弾は水中の爆発圧力を大にするため、六番も二十五番も爆薬量は爆弾全重量の六〇パーセントに及んだ。陸用爆弾の五割増しの比率である。危害（有効）半径は実験値で、六番が九メートル、二十五番が一九メートルとされていた。

爆弾の信管は、一定水圧を受けると作動するタイプが望ましいが、実用できたのは水面に当たって一定時間後に炸裂させる延時（遅延）信管だった。水中の降下率は空中よりはるかに小さいから、遅動秒時は三・五〜一六秒と、ふつうの爆弾より格段に長い。爆発深度は一五〜八〇メートル。つまり深深度潜航の潜水艦には、大した効果は得られなかった。欧米列強が対潜爆弾からまもなく、予定深度で炸裂する水圧作動式の爆雷へと移行したのに比べ、空中弾道の不良制御や着水時のショック対策の不十分により、日本はついに航空用の対潜爆雷を実用できなかった。

敵発見の位置を表示するには着色信号弾や、アルミ粉を海面にまく航法目標弾を用い、のちには発煙投弾も採用された。夜間には発光器、照明弾、航空目標灯を落とし、海面を照らした。

機載の「電波兵器」は無線機しかない。英空軍の哨戒機が一九四〇年（昭和十五年）初めから、空対艦用の捜索レーダーを実用装備していたのに対し、日本海軍機の対潜捜索は、開戦から二年以上ものあいだ肉眼だけが頼りだった。

新兵器H－6とKMX

昭和十八年、肉眼に加えて、二種の索敵用新兵器が制式に採用された。電波の目と磁気の目である。

まず電波の目の三式空六号無線電信機。H－6とも呼ばれたこの機載用警戒（捜索）レーダーは、十七年の春に最初の試作品が作られ、八月にはいちおう性能の安定した改良試作品を完成。制式化ののちも逐次改良が進められて、空六号四型にいたり完全な実用品の域に達した。

サイパン島近海で船団掩護中の九七式飛行艇二三型(九〇一空所属機)。機首部の側面にH-6レーダーのアンテナ支柱が付いているのが見える。

波長二メートル、尖頭《せんとう》出力四〜五キロワットで、精度の点では劣る最大感度方式を採用。対象が島嶼《とうしょ》など陸地なら一五〇キロ、大型艦船九五キロ、大型機五五キロの範囲内で、九割以上の精度で距離と方位をつかめる、というのがカタログ上の性能だった。

H-6の重量は一一〇〜一二〇キロだから、四発飛行艇、双発の陸攻クラスはもとより、単発の艦攻や三座水偵にも積載可能だ。単発機はアンテナを、効率のいい機首先端に装着できない不利はあるけれども、浮上潜水艦に対する探索可能距離は、飛行高度五〇〇メートルにおいて二〇〜三〇キロ。装備飛行機の大小にかかわらず、ほぼ同一とされていた。

レーダーの電波発射角外の海域、つまり近すぎる目標は死角に入ってしまい、キャッチできない。九七大艇の場合、高度二〇〇〇メートルを飛んで、前方一二～一六キロまでの範囲以内の浮上潜水艦は、スコープに感応しなかった。距離にかなりの幅があるのは、おもに個々のレーダーの性能にバラつきがあるためだ。飛行高度が一〇〇〇メートルに下がれば、死角の距離は一〇～一四キロに減った。

また、長波長のメートル波は海面の乱反射の影響を受けやすく、連合軍のマイクロ波（センチ波）レーダーに比べれば、精度面での不利は否めなかった。

レーダーを使えば闇夜でも浮上潜水艦を見つけられる可能性はあるが、潜航中の艦に対しては無力だ。海中の敵をつかまえるには、水を通らない電波ではなく、磁気を応用せねばならない。すなわち、三式一号磁気探知機の登場である。

艦船は鉄でできている以上、例外なく磁気を帯びているから、周囲に固有の磁場を形成する。通称をKMXという磁気探知機は、潜没中の敵潜水艦の上空を飛んで、その船体のためにできた磁場による地磁気の変化から、敵の位置をつきとめる方式である。

原理を書くのはかんたんだが、潜水艦の磁気の数千倍に達する強力な地磁気への対策、飛行機の胴体に流れる環状電流がもたらす雑音の除去など、容易に解決できない難問が、実用化への道をはばんでいた。

実現不可能との声を浴びながら、航空技術廠・計器部に勤める若手の技術者チームの、不休の研究が結実して、開発着手から一年後の十八年十一月、制式採用にこぎつけた。米海軍でも同一原理によるMADを対潜作戦に使用したが、そんな情報はもちろん入ってこないから、関係者の誰もが日本独自の兵器と思いこんでいた。

磁気は水や空気の有無を問わない。したがって潜水艦がどの深さに潜っていようと、磁場のようすは同じである。KMX装備機が敵潜の上空を飛んで、装置が感応すると、磁探操作員席の受聴器が鳴る。同時に操作盤の検流計の針が振れ、風防枠に付いたブザーが響く。間合を置かず目標指示弾が自動的に放たれ、敵潜のひそむ海面がマークされる、という手順だった。

三〇〇〇トン級の大型潜水艦に対する探索能力は、下方へ一六〇メートル（空中の高度と海中の深度との合計）、左右へ各一二〇メートル。たとえば高度一〇〇メートルで飛べば水深六〇メートル、高度二〇メートルの場合は一四〇メートルまで有効で、低く飛ぶほど深みにひそむ敵潜を捕捉できる。一〇〇〇トン前後の潜水艦だと探索範囲は四分の三まで縮む、との結論を得た。

装置の体積の合計は、一立方メートルに収まる程度。取り付けスペースと操作員席を確保するために、H-6レーダーと同様に、三座以上の機が装備の対象になった。

目視の対潜警戒飛行

電探や磁探が現われる前の、典型的な航空対潜警戒の例を示そう。まず護衛艦との協同警戒の場合。

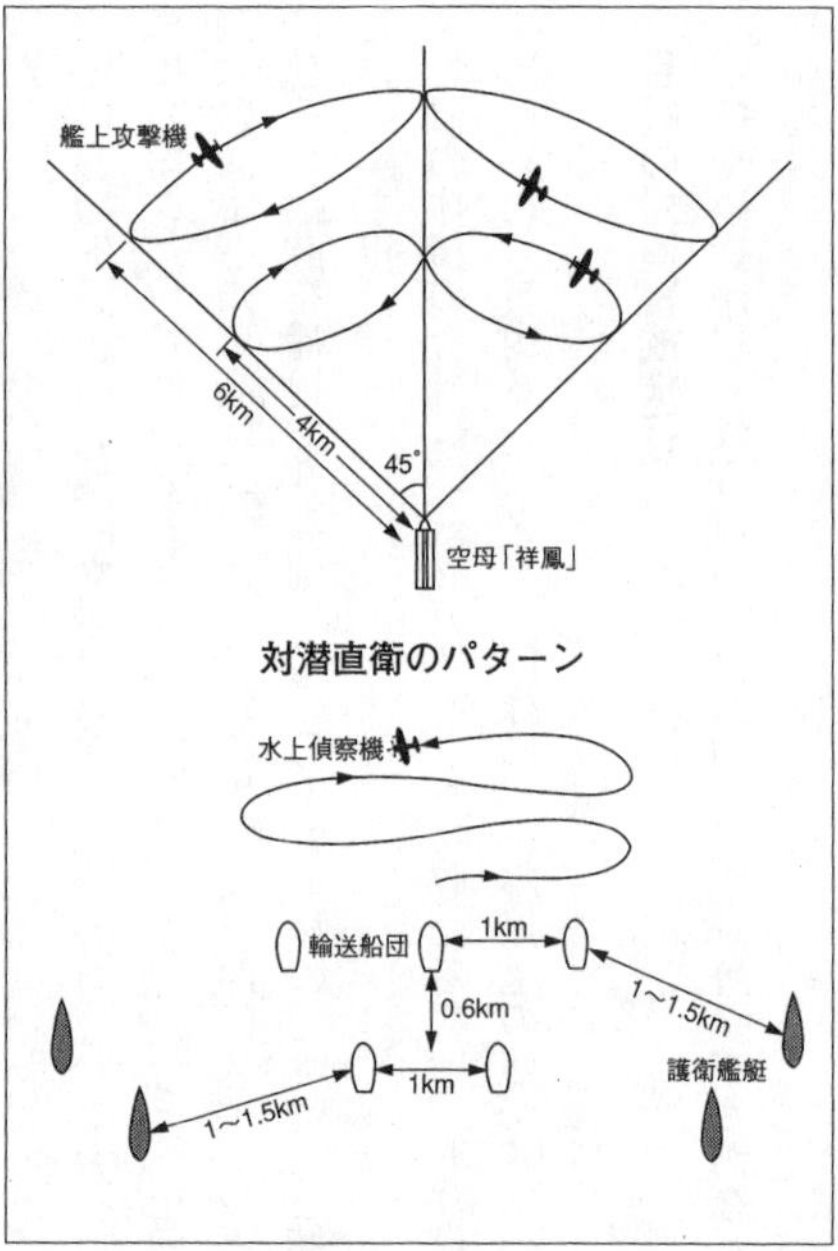

対潜直衛のパターン

航行中の艦船が雷撃を受ける危険度が大きいのは、もちろん左右両舷側、つまり横腹である。護衛を要する船舶が一～三隻の場合、それらを横一列にならべ、その両側やや後方に一～一・五キロ離れて護衛艦を一隻ずつ配置する。敵潜を側方に占位しにくくするのと、不運にも船舶がやられたとき、ただちに反撃に移るためだ。船舶が多ければ、三隻ずつの横隊と両サイドの護衛艦という単位を、縦にならべていく。

飛行機は重巡洋艦以上の大型艦が護衛に加わっていないかぎり、水上偵察機一～二機がせいぜいである。たった一機の水偵を最も有効に使うには、船舶の前方をジグザグに飛ばすことだ。側方からの攻撃をねらう敵潜も、船団が近づくまでは前方で待っているケースが多い。

これをつかまえるのが水偵の役目で、前路警戒という。

飛行機による前路警戒を、十分な余裕をもって行なえるのは言うまでもなく航空母艦だ。数ある搭載機のほんの一部を、次から次へと送り出せばいい。まだ勝ち戦《いくさ》の昭和十七年春、「祥鳳」の実施した前路警戒は次のようなものである。

九七艦攻三機を使う場合。空母の四キロ前方を一機が左右幅六キロほどの「∞」を描き、さらにその二キロ前方を一機ずつが長径四・五キロの楕円《だえん》形に飛ぶ。艦攻は二時間で交代し、空母の一キロほど前方には駆逐艦が走る。敵潜のいる可能性が薄いときは、五キロ前方に二機だけ、さらに安全な海域なら四キロ前方を「∞」形に飛ぶ一機のみになる。いずれのケースでも、艦攻の対潜兵装は六番の陸用爆弾だった。

空母は当然、護衛の艦に取りまかれているから、側方や後方警戒はそれらに任せればいい。だが、低速航行の給油作業中は、忍び寄る潜水艦にとって絶好の機会なので、艦攻三機を出し、各機が一二〇度ずつを「∞」形に飛行して、対潜直衛を続けた。

守りの固い艦隊はまだしも、不足が歴然の護衛戦力を無理に割りふる船団は、十八年の春から敵潜の雷撃による被害が増加。月間喪失船舶が二〇〜三〇隻、一〇万トンを超える月があいつぎ、十一月には約五〇隻、二三万総トンに達した。

魚雷をはじめ各種兵装の改良と向上、配備艦数の増加、複数艦による狼群戦法の採用といった、米潜水艦戦力の強化に、日本の貧弱な対策が、たちまちお手上げの状態になるのは目に見えていた。

遅すぎた専門航空部隊

おそまきながらもこの十八年の晩秋から、海軍はようやく対潜作戦に本腰を入れ始めた。組織、兵器、戦法の改革と強化に取りかかったのだ。

「組織」とは、昭和十八年十一月の海上護衛総司令部の設置である。ささやかな艦艇でお茶をにごしていた、それまでの特設海上護衛隊（十七年四月に新編。第一および第二海上護衛隊から成る）に比べて、格段に大規模な、ランクの上では連合艦隊と肩をならべる高級組織だった。

水上戦力として既存の第一、第二海上護衛隊を直接指揮下に置き、対潜作戦時に各鎮守府あるいは警備府を指揮しうるほかに、固有の麾下《きか》航空戦力を備えたのが特徴だった。十二月に新編の第九〇一航空隊と、同月に編入の護衛空母「雲鷹《うんよう》」「海鷹《かいよう》」「大鷹《たいよう》」「神鷹《しんよう》」がそれで、翌十九年の二月にはこれらの空母に搭載用の艦攻部隊九三一空と、水上機のみ装備の四五三空を追加した。

三〜四月には、直協偵察機、爆撃機を持つ、軍や飛行学校に直属の陸軍の小規模飛行隊も、作戦時に指揮下に入れるようになり、その一部は海上護衛総司令部部隊に編入された。船団を守ってもらう陸軍の立場上、当然の協力と言えよう。

海上護衛総司令部部隊の中核は、終始九〇一空であった。この海軍初の対潜・護衛専門航空部隊の、新編時の装備定数は九六陸攻二四機、九七大艇一二機。機数は多くないが、どちらも長距離飛行が可能で、爆弾搭載量の大きな機材であることが、対潜哨戒と船団掩護の主目的を明示していた。

護衛空母「海鷹」。飛行機を運ぶ輸送空母が適役のはずだったが、海軍への就役が昭和18年11月と遅く、いきなり対潜作戦に投入された。撃沈されずに敗戦をむかえた武運の強い艦。

九〇一空の装備定数は、十九年三月に陸攻四八機、飛行艇三二機へと倍増。さらに二十年三月には他部隊の編入があって、陸攻二四機、飛行艇一二機、三座水偵六四機、哨戒機四〇機、甲戦（艦上戦闘機）二四機、乙戦（局地戦闘機）二四機にふえ、四月に艦攻二四機が加わった（機種に関しては後述する）。合計で二一二機もの装備だが、あくまで帳簿上の定数で、実数はもっと少なく、可動機数はさらに少なくなる。

海上護衛総司令部を作る準備段階で、潜水艦による船舶損失を年間三万トンに抑えるには、二〇〇〇機の対潜用機（および艦艇三六〇隻）が常時必要、との軍令部側の意見が出た。この数字は正否はともかく、鎮守府などの対潜用装備機をかき集めても、実際に総司令部の指揮しうる可動機は、最盛期でも推定必要量の一割の二〇〇機前後だったと思われる（ちなみに十九年二月における指揮下各部隊の装備数の総計は約三五〇機）。

千葉県館山基地で開隊した九〇一空は、船団のコースにそって、大村、沖縄・小禄、台湾・高雄、マニラ、サイゴン、硫黄島、サイパン、パラオなどに派遣隊を出した。その後、中部太平洋から内南洋《うちなんよう》への米軍の攻勢で、サイパンやパラオは消え、台湾、フィリピン、中国大陸沿岸、海南島に展開する派遣隊が、北緯八度までの南西方面の航路を守ろうとした。

それも十九年の暮れには、フィリピンがほぼ敵手に落ちて航路は分断され、さらに制空権の喪失によって、船団掩護は有名無実に追いこまれた。出現が遅すぎた九〇一空が、当初の目的を、ある程度でも果たせた期間は、一年に満たなかった。

海上護衛総司令部のもう一方の航空戦力、四隻の護衛空母と、これらに搭載される九三一空の内容を検討してみよう。

空母は最大の「神鷹」が基準排水量一万七五〇〇トン、最小の「海鷹」が同一万三六〇〇トンで、重さの点だけなら日本の小型空母の中ではむしろ大きめと言えるが、もとが客船だけに速力は最低の二一ノットしか出せず、搭載能力も予備を含めて各艦三〇機程度にすぎなかった。積まれるほうの九三一空は、定数が九七艦攻四八機。これを四隻に分乗させると一二機ずつの計算で、実際に一〇機ほどが載せられて護衛作戦にあたった。

護衛空母を使っての対潜作戦といえば、大西洋でUボート狩りに猛威をふるった、米英両海軍の活動を思い浮かべる。これらの護衛空母のほとんどはアメリカ製の、八〇〇〇トン弱から一万一〇〇〇トン強の小型艦だ。搭載機数は二十数機、速力は一六～一九ノットと、日本の護衛空母に比べむしろ格下に見える。しかし、日本の潜水艦よりもずっと手ごわいUボートを相手に、圧勝するに至った。

その理由はかんたんだ。まず量である。代表型の「カサブランカ」級が五〇隻、援英型の「ルーラー」級が二六隻と聞くだけで、これは理解できよう。次に、護衛空母のまわりをさらに多くの艦艇が随伴し、対潜警戒に完璧を期す。そのうえ、搭載機は攻撃機のほかに戦闘機もいて防空能力を有し、パイロットは対潜作戦の訓練を受けた者ばかり。空母が低速でもカタパルトがあるから、無風時の発艦も可能だ。

日本の場合は正反対だった。四隻の空母は単艦ずつ、護衛艦艇なしで船団を守らねばならない。搭載の九七艦攻と搭乗員も、対潜攻撃専門と言える水準には遠かった。カタパルトがなく低速の空

「海鷹」の飛行甲板上で発艦準備を行なっている九七式艦上攻撃機一二型。胴体の下に一式25番二号爆弾一型を搭載している。昭和19年10月下旬、台湾・基隆へ向けて航行中の撮影。

母なので、風に正対したうえで発艦させる必要があり、意のままの哨戒飛行をさせられない。さらに、もっと低速の船団と同航するにはジグザグ運動が不可欠だから、敵潜のいい目標になりかねない。

「雲鷹」側から「航路の沿岸に、さらに基地を設けて対潜哨戒飛行を強化するべきであり、護衛空母は廃止したほうがいい」との進言がなされる始末だった。九〇一空の活動を増し、客船改造の小型空母は従来どおり飛行機の運搬に用いよ、と言うのである。

力不足は歴然

潜水艦に対する戦果報告ほど、あてにならないものはない。

昭和十八年の一年間に海軍が、「本土周辺海域」だけで報告した撃沈あるいは撃沈確実は、記録が残っている分だけで二三隻を数える。さらに、多量の油や気泡を認めたものを加えると、実に六七隻。そのうち、飛行機が単独または協同のかたちでからんだのが三六隻である。

これに対して、同期間中に米軍が「太平洋戦線の全域」で、喪失したと認める潜水艦は一七隻（うち飛行機が関係した喪失は五〜六隻）。このなかには、明らかに陸軍機の攻撃で沈められた艦が数隻まじっている。

米側の記録にもミスはあろうが、日本海軍の報告と実際との差が大きすぎる。日米それぞれ基準になる戦域の広さが違うから、単純な比率は出せないけれども、およそ一〇倍の誇大戦果といったあたりだろうか。

水上艦艇に比べて、潜没中の潜水艦への戦果判定は、きわめて難しい。発見そのものにすら、肉眼では誤認が付きまとうと言っていい。

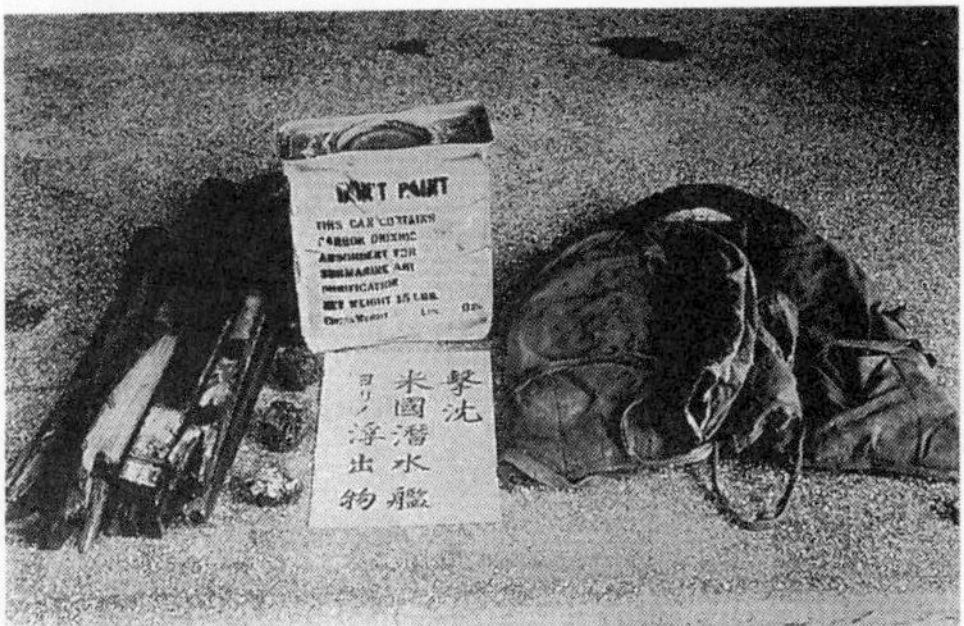

昭和18年2月16日、ラバウルの水上基地を発進した九五八空の水偵1機と水雷艇、および駆潜艇各1隻の協同攻撃による撃沈確実を報じたさいの浮出物である。多からぬ真の戦果の一例であり、米海軍の「アンバージャック」が餌食になった。

たとえば二座の零観だと、高度七〇〇メートルあたりを飛んでいて、敵潜らしい影を海中に認めたら降下を開始。高度四〇〇メートルで六番爆弾を投下し、上昇に移る。海中で炸裂すると、もうれつな気泡が海面にわきたつから、実際の潜水艦の沈没など見たこともない搭乗員が、「撃沈」とか「効果大」と思いこんでも無理はない。潜没中の潜水艦が上空からどんな具合に見えるのかすら、体験した者のほうがずっと少なかったのだから。

視力が頼りの敵潜狩りに、もたらされた福音が前述の捜索レーダーH－6と磁気探知機KMXだった。とりわけ、海中の敵捕捉に有効と分かった磁探は、横須賀空で実用実験に入り、少なくとも横一列の三機編隊、できれば五機編隊で飛べば敵潜を逃がさない、との結論を得た。

対潜専門の九〇一空に、磁探が届けられたのは十九年四月ごろ。九六陸攻に積まれたこの装置は、五月に入ってまもなく、八丈島付近で潜没中の敵に感応して実用性を証明。台湾・高雄港外の沈没船舶を目標にするなど、テストをかさねて、磁探機の飛行高度五〜一〇メートル、間隔二〇〇メートルの三機横列編隊（掃海幅六〇〇メートル）で、三時間交代の船団掩護が可能、との結論を得た。

磁探開発技術者の応援を得た、台湾、フィリピン方面の九〇一空は、十九年八月下旬からの三週間に磁探を用いて敵潜一五隻を捕捉・攻撃し、うち六隻を確実に撃沈と報じた。このなかには、マニラとラオアグに派遣された九〇一空の九六陸攻が、九五四空（のち九〇一空に編入）の零水偵および陸軍機の協力を得て、ルソン島西岸沖に敵を葬《ほうむ》るという、四隊協力の戦果もあった。

当時は台湾、フィリピン周辺は多数の船団が航行し、これをねらって米潜水艦が集まったから、磁探に感応したうちの相当数は本物の敵潜だったと考えられる。しかし、この期間に同方面で失われた米潜水艦は、わずかに一隻。磁探で見つけはしても、肝心の攻撃が甘かったのだろうか。

台湾の東港には九〇一空の九七大艇がいて、H－6レーダーを付けていた。飛行艇の搭乗員には早期にレーダー操作を始めていた者が多く、扱いに習熟して、夜間や悪天候時の航法

対潜任務に飛ぶはずが、沖縄の飛行場で破壊された九〇一空の九六式陸上攻撃機。主翼フィレットのすぐ右に描かれた白い丸(C環)は、列機が間隔をとる目安にするための、磁気探知機を装備した機体の特有のマークだ。

にたくみに応用した。十九年初秋の薄暮、電波が浮上中の敵潜をとらえ、現場へ急行して、潜没まぎわに直撃弾を食らわせた、との珍しい報告もある。九〇一空のH-6は有効だったが、故障も多かったという。

磁探、電探を積んだ機材で名高いのは、双発の対潜哨戒機「東海」である。各国とも対潜哨戒機は他機種の流用がほとんどで、実用された専用機は「東海」のほかにはない。専用機だけあって、良好な下方視界、索敵しやすい低速巡航など、使い勝手はよかったものの、工作不良が原因の故障や事故が少なくなかった。

「東海」の部隊配備は、乗員養成を主目的に十九年の九〜十月に試験的に始まった。実戦配備は二十年の一〜二月で、九〇一空、九五一空などに引き渡され、磁探、電探の訓練を受けた予備学生出身者が部隊での指導にあたった。さきに記した二

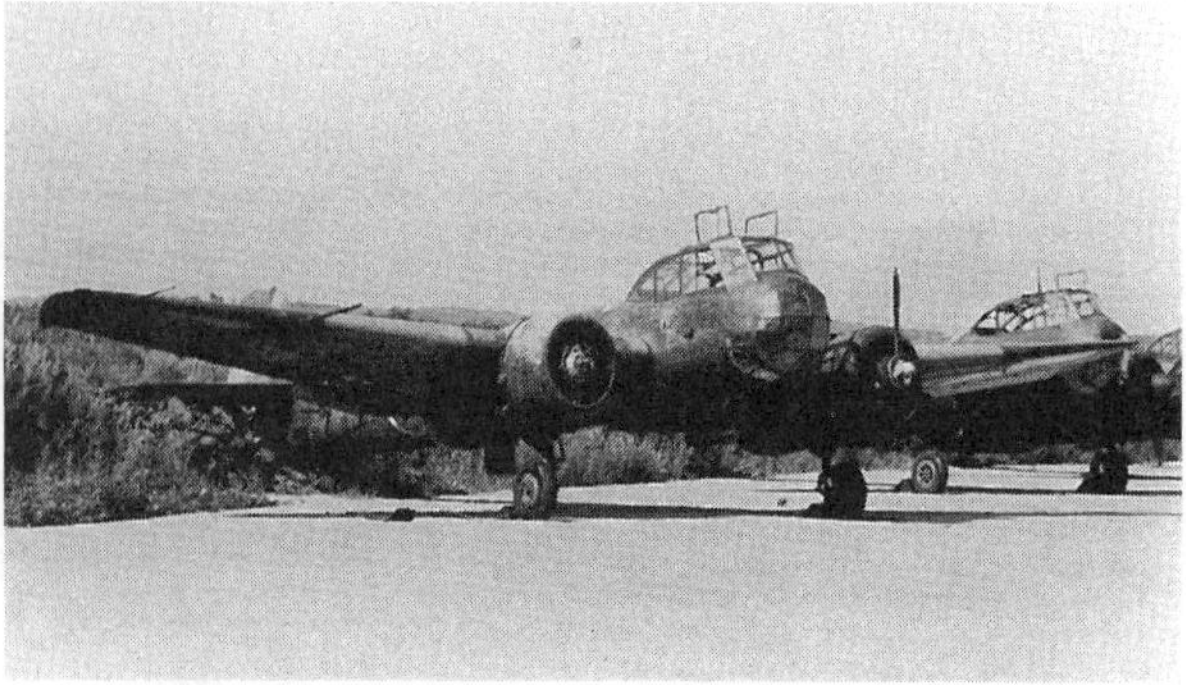

右翼前縁にH-6レーダーのアンテナ支柱を付けた九〇一空の「東海」一一型が、敗戦後の第二千歳基地で処分を待つ。工作不良による故障や事故が多かった。一部だけ見える垂直尾翼の太い斜め線がレーダー装備機の印。

十年三月の九〇一空の機種別定数のうち、「哨戒機」とはこの「東海」をさす。

九五一空の済州島派遣隊は、一二機の「東海」を駆使して、確実だけでも七隻の撃沈を記録。目視か電探による発見報告が入ると、三〜六機の磁探機を横隊で飛ばし、六番か二五番の対潜爆弾で攻撃した。済州島周辺の海域は沈没船が多く、これに感応した誤爆のケースもあったようだ。

米機動部隊の出現で、十九年秋からの南シナ海、フィリピン海以南での対潜哨戒は、敵機に見つかれば帰れない危険をともなった。零戦隊をもつ二五四空の九〇一空への編入、零戦隊と「雷電」隊を含む二五六空の九五一空への編入は、ひよわな哨戒機に護衛を付けられる点で歓迎された。また、沖縄夜襲で知られる芙蓉部隊が九州南方洋上でやったように、零戦が単独で潜水艦を銃撃した例もときおりあった。敵が急速潜航しても、二〇ミリ徹甲弾なら、海面下数メートルまでは有効だったという。

日本の対潜作戦の威力と効果は少なかった。それは船団護衛に当たった客船改造空母四隻のうち、「大鷹」「雲鷹」「神鷹」の順で三隻までが、十九年八月から九月にかけて潜水艦に沈められたことに、端的に現われている。

二十年三月以降は敵機と機雷にはばまれて、船団そのものが動けなくなり、初夏からは日本海すらも安全圏とは言えない状態におちいった。戦闘機隊も打ちのめされる制空権なき本土周辺で、対潜哨戒機の活躍の場があろうはずはなかった。

太平洋戦線で、日本軍との交戦によって失われた米潜水艦は四一隻。英米の軍事史家のあいだでは、それらのうち航空攻撃がからんだものは、たった七隻と判定されている。

英米が用いた空母用カタパルト、マイクロ波レーダー、夜間海面照射のレイライト、逆噴射で垂直に落ちるレトロ爆弾、徹甲用対潜ロケット弾、音響追尾魚雷の、いずれをも実用化し得なかった日本が、失った船舶は総量の八割を超える八四三万トン。まともな船は、ほぼ全滅の様相を呈した。喪失船舶のうち、潜水艦の雷撃によるものは六割近くに及ぶ。対潜作戦のレベルの低さは明白であろう。

◀海軍陸上哨戒機「東海」一一型（Q1W1，九州飛行機）データ▶

〈寸度〉 全幅：16.00m，全長：12.085m（水平姿勢），全高：4.118m（水平姿勢），主車輪間隔：4.60m，主翼面積：38.21㎡

〈重量〉 自重：3102kg，全備重量：4800kg

〈動力〉 エンジン：日立「天風」三一型（空冷９気筒，離昇出力610馬力，公称出力410馬力／高度1500m）×２，プロペラ：住友ハミルトン恒速（定回転）式３翅（直径2.5m），機内燃料容量：1200ℓ

〈性能〉 最大速度：322km／時／高度1340m，巡航速度：241km／時／高度3000m，上昇力：高度2000mまで８分44秒，実用上昇限度：4490m，航続距離：1343km（機内燃料のみ），2415km（増槽装備時）

〈兵装〉 爆弾：250kg×２，機銃：九九式20mm二号四型×１（弾数130発），九二式7.7mm旋回機銃×１（弾数288発）

〈乗員〉 操縦員，偵察員，電信員各１名（計３名）

各国偵察機、実力くらべ

——日本、ドイツ、イギリス、アメリカの考え方の違い

飛行機が初めて兵器に採用されたとき、その主要任務は空からの、地上の状況偵察にあった。したがって、系図的に見れば偵察機こそ軍用機の始祖かつ本流、ということになるのだが、人気の点では後発の戦闘機や爆撃機、攻撃機に及ばない。攻めるための兵装がなく（あっても貧弱）、地味だからだ。

しかし、敵情のデータを集める偵察機の任務がどれほど大切かは、痛恨のミッドウェー海戦を例に引かずとも、容易に理解できよう。日本では百式司令部偵察機と艦上偵察機「彩雲」がすぐに浮かんでくる。第二次世界大戦におけるこの機種は、その戦歴、行動にいま少し関心を持たれていいはずなのに、一般の飛行機ファンのあいだでは、機名と一部の性能のみ知られる状態にとどまっている。

そこで短文ながら、わが国をはじめ主要四ヵ国の大戦中の偵察機について、定評にとらわ

れず、成績の良否を概説してみたい。ただし、煩雑をさけ比較を容易にするため、フロート付きの水上機ははずし、陸上基地を用いる機に限らせていただく。

〔日本陸軍〕百式司偵はそれほど優秀か？

「陸上基地から発進する第二次大戦の偵察機」と聞いて、日本の飛行機ファンがまず思い出すのは、陸軍の司令部偵察機だろう。航空本部のお偉方に関心を持たれなかったがゆえに、要求性能を速度と航続力にしぼれたキ一五は、すっきりとまとまって、九七式司令部偵察機の座を得た。

三菱製の九七司偵と、これに続く「新司偵」と呼ばれた百式司偵は、高速な日本独自の機種ということから、かなり人気が高い。とりわけ百式司偵は、美しい外見とあいまって、日本屈指の名機との定評がある。

百式司偵の最大速度は二型のカタログ値で六〇〇キロ／時を超え、三型では六三〇キロ／時に達した。国産機群のなかでは確かに抜群に速い。しかし、欧米の一九四三～四四年の水準からすれば、重武装の戦闘機といい勝負、軽装の高速偵察機の分野では平凡ともいえる速度だ。高高度性能も並《なみ》で、航続力だけが一流である。

敵の準備がととのわず、二線級の戦闘機しかいなかった序盤戦が、百式司偵の栄光の日々だった。中盤に入った昭和十八年（一九四三年）の夏、北部オーストラリアのダーウィンへの偵察行で百式司偵二型四機が、「スピットファイア」Ｖ型にあいついで食われ、一年後の大陸・四川省の成都偵察でも、米第14航空軍のＰ－47「サンダーボルト」、Ｐ－51「マスタング」戦闘機に追われた、百式司偵二型の未帰還機が続出。十九年晩秋から年末にかけてのビルマ方面も同様である。

太平洋戦争の日本実用機のベスト５に必ず入る百式三型司令部偵察機。二型と合わせて太平洋戦争の全期間中、陸軍の長距離偵察任務の大半を担い、最速の第一線機であり続けた。

三型は二型より優速だったが、タイミングよく目標に接近しないと、追撃を受けて大同小異の結果になった。二十年に入って、日本近海を遊弋《ゆうよく》する米機動部隊へ向かったまま、消え去るケースがめだった。

戦略偵察をめざす「司令部偵察機」という機種を、日本独自とほめそやす理由もピンとこない。他国の高速偵察機も同じ使われ方で成果をあげており、九七司偵と百式司偵は単に偵察専用に開発された機材だったというに過ぎない。もちろん、日本機としては傑作に違いないが、もっと広い視野に入れてながめる必要もあると思う。

日本陸軍の偵察機は司偵を頂点に、軍偵察機、直協偵察機と続き、それぞれ三菱の九九式と立川の九

揚子江の要衝、湖北省・武漢の上空を九八式直協偵察機が飛んでいる。この濃緑、茶、黄土の三色の迷彩は昭和14年の部隊配備当初から用いられた。九九式高等練習機とほぼ同型。

八式が該当する。軍偵のほうが性能、装備ともにひとまわり高級で、目標を求めて、敵前線の後方地帯にまで侵入するのに対し、直協は直接協力のフルネームのとおり、地上部隊の戦闘に直接に介入し、前線の周辺が活動空域になる。両機種とも、カメラ/肉眼による偵察行動のほか、銃撃、爆撃も行ない、この点が偵察一本槍の司偵と異なっている。使い勝手のいい、なんでも屋と言えるだろう。

この種の機材は勝ちいくさの場合は、予想以上の力を発揮する。一〇〇パーセントの制空権があった昭和十七年ごろまでの中国大陸が、その典型的な戦場で、中国空軍機など姿も見かけないから、九九軍偵、九八直協はともに思う存分の地上支援を遂行できた。

しかし、敵空軍力が増すにつれて、その威力は急速に衰えてしまう。三〇〇～四〇〇キロ/時の最大速度、小口径機関銃二～三梃の火力では、戦闘機に対抗しうるはずがない。大陸で縦横の活躍を見せた九九軍偵隊が、十八年の春にニューギニアに進出し、P-40「ウォーホーク」やP－38「ライトニング」戦闘機に追いまわされて手も足も出ず、夜間出動専門に切り変えたケースに、端的に示されている。

九九軍偵、九八直協の低空での良好な飛行特性と、まずまずの航続力を活用したのが、対潜哨戒任務である。どちらも蘭印（インドネシア）など南西方面の海域で、小型爆弾を付けて船団掩護や哨戒に従事し、何隻もの潜水艦撃沈を報じた。

〔日本海軍〕「彩雲」に追いつく敵機あり

偵察機を三ランクに分けて、性能に差をつけた陸軍に対し、海軍の陸上偵察機はいずれも、速度重視の司偵タイプだった。

海軍には陸偵と、艦上偵察機、水上偵察機（水上観測機）の三種があって、陸軍の軍偵／直協には水偵が該当する。日華事変以降の艦偵には九七式、二式（「彗星」）、「彩雲」の三種があるが、その名のとおり空母から作戦したのは二式艦偵の少数機だけで、たいていの場合は艦上攻撃機と艦上爆撃機がその任務を代行した。したがって、日本海軍の艦偵イコール陸偵とみなして差しつかえないだろう。

ここでは便宜上、陸偵と艦偵とをまぜ、部隊配備になった順に話を進めていく。

まず中島製の九七式艦上偵察機。制式機なのにたった二機しか作られず、日華事変勃発後まもない昭和十二年（一九三七年）秋に上海に送られ、強行偵察、爆装での強襲に用いられ

昭和15年、漢口W基地で九八式陸上偵察機一一型の「瑞星」一二型エンジンの整備作業をすすめる第十三航空隊の整備員たち。離着陸時における前方視界不良が操縦員の不評を買った。

るうちに、二機とも失われた。三九〇キロ／時ほどの最大速度は、とうじの単発多座機としては速いほうだが、兄弟機の九七式艦上攻撃機の性能で同一任務をカバーできるため、量産化が見送られた。

九七艦偵は大戦機とは言えないけれども、海軍の近代的偵察機の始祖になった点に意義がある。そして、偵察専用機をやめて、他機種の流用や改造ですませる「正解」の策をとったことでも。

だが、九七艦攻ではいかにもアシがおそい。もう一〇〇キロ／時ほど速い小型多座機、すなわち陸軍が現用中の九七司偵に目が向くのは自然のなりゆきで、エンジンと一部装備を変えただけの九八式陸上偵察機が誕生する。

大陸の戦場で使いごろのこの陸偵も、太平洋戦争が始まり戦線が南へ広がるにつれて、全般的な性能不足がめだってきた。そこで、陸軍に新鋭機・百式司偵の貸与を申し込むかたわら、自まえの機材二種の開発を進めた。

その一つ、中島の二式陸上偵察機は、陸攻隊の長距離掩護《えんご》をねらって採用に及ばなかった十三試双発陸上戦闘機の、応急変身版である。航続力は十分、五〇〇キロ／時をいくらか超える程度の最大速度はもう一つながら、九八陸偵よりはマシと判断されて、ラバウルを根拠基地とする南東方面に進出した。

二式陸偵の採用とほぼ同時の昭和十七年七月、航空技術廠設計の二式艦上偵察機が制式機になった。二式艦偵も十三試艦上爆撃機（のちの艦爆「彗星」）からの変身版で、十七年六月のミッドウェー海戦で試作偵察機の実戦初投入がなされたのち、一〇ヵ月のブランクをへて、十八年四月にラバウルに進出を始めた。

十八年なかば、ソロモン戦線の米軍戦闘機には、高空性能のいいＰ－38「ライトニング」に、二〇〇〇馬力の高速機Ｆ４Ｕ「コルセア」が加わって、日本側の偵察行動がやりにくくなっていた。二式陸偵の速度では、見つかれば落とされる覚悟が必要だった。

ラバウルで百式司偵、二式陸偵、二式艦偵を同時に用いた第一五一航空隊の搭乗員が、二式陸偵を最下位にランクしたのは当然だろう。百式司偵は速度と高空性能で買われ、二式艦偵は五三〇キロ／時程度の最大速度だが、艦爆ゆずりの機動力で敵戦闘機を振りきれるとの理由で、いちおうの評価を得た。

二式艦偵で注目されるのは、高速の試作艦爆をいち速く偵察機に転用した点だ。ミッドウェーで試作機が失われて、艦爆型の実用化の遅れの一因になり、偵察機としてはむしろ鈍速

本来なら空母で運用されるはずの「彩雲」一一型は、格段に高速ではなかったが、日本海軍にとっては俊足機の代名詞だった。千葉県木更津基地で列線を敷いた第七六二航空隊・偵察第一一飛行隊所属機への燃料補給作業。

とも言えたが、「他機種からの転用」の処置は、国力の小さな日本のとるべき道だった。この方式を継続できない理由は、大出力エンジンのない日本には、ベースになる高速機がないからである。

二式艦偵のあとを継いだ中島十七試艦上偵察機、つまり艦偵「彩雲」は、小直径の「誉」エンジンに機体を合わせ、ギリギリまで寸度を詰めた偵察専用機だった。高速偵察の専用機を作り（作らざるを得なかった?）用いたのは、日本だけである。

百式司偵と同様に、「彩雲」も名機ともてはやされているけれども、速く飛ぶことを第一義に作った機が、六〇〇キロ／時をちょっと超える程度では、抜群とは言いがたい。艦上機としての発着艦特性を考慮せねばならなかった点は、割り引いて考えたとしても、部隊配備に移行した昭和十九年（一九四四年）なかばにこの程度の速度で、高速偵察機と称していいものか。燃料の質が低かっためだ、戦後アメリカでテストしたら六九〇キロ／時以上の高速だった、などと力むのは泣き言の域を出ない。

長大な航続力は確かに買える。しかし、「日本機のなかの傑作機」という誉《ほ》め方がいいところで、「われに追いつくグラマンなし」の有名な電文は打てても、F4UやP－51には捕捉されてしまう。「彩雲」にはメジュロ環礁やサイパン島の強行偵察など、語り草の飛行が少なくないが、敵戦闘機に食われた機もたくさんある。

九七艦偵と二式陸偵は三座、九八陸偵と二式艦偵は複座である。どちらがいいのかは種々の状況にもよるが、「彩雲」の三人乗りは正解だった。複座だと、後席の偵察員は航法、通信、射撃、見張りとあれこれこなさねばならず、中堅以上でないと務まらない。三座なら偵察員は航法、電信員は通信（防御射撃は二の次）に専念できるので、熟練者が少ない大戦末期の搭乗員の平均技量に適応しやすいからだ。

日本が米英独と大きく異なっていたのは、単座の戦闘機を偵察機化しなかったことだ。「紫電」や零戦にカメラを積んだのは、応急試作か現地改造の例外で、正式に作ったのは一機もない。日本戦闘機の最大速度の低さと、敵味方間の距離が大きくて航法をこなしきれないのが理由だろう。

陸海軍偵察機に積まれたカメラは、小西六（のちのコニカ）製が多かった。

〔ドイツ〕主流は爆と戦の改造機

ドイツ空軍の偵察機はバラエティーに富む。

実戦参加機のうち、軍偵／直協タイプだけが専用に開発されたもので、緒戦《ちょせん》時まで使われた複葉のハインケルＨｅ45とパラソル翼のＨｅ46、その後継機でパラソル翼のヘンシェルＨｓ126、さらにその後継の低翼双ブーム機（Ｐ－38と同様の細胴二本の型式）フォッケウルフＦｗ189が該当する。陸軍への協力が空軍の主務、というルフトバッフェの思想を端的に示した機種であり、制空権があったころの北アフリカと東部戦線では、Ｈｓ126、Ｆｗ189は便利な存在だった。

双発爆撃機から生まれたのはドルニエＤｏ17ＦおよびＰ、ユンカースＪｕ88ＤおよびＴとＪｕ188Ｄ。ベースのＤｏ17もＪｕ88も当初は高速爆撃機と呼ばれ、その「高速」ゆえに偵察機型が作られた。大きな航続力と、大型カメラをいくつも積める胴体のスペースも、単発機にはない長所である。

一九三七年（昭和十二年）に配備開始のＤｏ17Ｆと続くＰは、スペイン戦争から作戦に用いられ、その後継機がＪｕ88Ｄで、さらにＪｕ88Ｔ、Ｊｕ188Ｄへと発展する。戦略偵察に主眼を置いたから、日本陸軍の司偵にあたるが、機体構造が頑丈でそのぶん重く、強行偵察時に戦闘機を振りきるような真似《まね》はできなかった。

どのみち、おおがらの双発機が単発戦闘機をらくらくと引き離すのは無理で、不利は隠密飛行でカバーするしかない。劣速ながら、大戦末期まで使われ続けたＪｕ88偵察機型が、生産性の面から、資源小国の司偵のあるべき姿だったように思える。

劣速を高空性能で補おう、というのが高高度偵察機ユンカースＪｕ86ＰとＲだ。旧式爆撃機に二段遠心式過給機、出力増強装置、与圧室を組みこみ、戦闘機の上がれない一万二〇〇〇～一万四〇〇〇メートルの成層圏を飛んで、写真を撮った。だが、英空軍は高高度用の「スピットファイア」戦闘機を用意して対抗。労多くして功少ないとの判断から、異端の偵察機はやがて姿を消した。

地上攻撃用の7.92ミリ固定機関銃２梃、50キロ爆弾４発を持つ軍偵兼直協タイプのフォッケウルフFw189A。スターリングラードの攻防戦で撃墜され、ソ連兵の調べを受けている。

　双発戦闘機メッサーシュミットＢｆ110とＭｅ410の偵察機型も、爆撃機改修タイプに準じた思想から生まれた。Ｂｆ110ＥおよびＦ、Ｍｅ410Ａの各偵察機型はＪｕ88よりは速かったが、連合軍戦闘機よりもむろん劣り、強行偵察にはいささか無理があった。

　低速の欠点を埋めたのが、単発戦闘機メッサーシュミットＢｆ109Ｆ／ＧとフォッケウルフＦｗ190Ａ改造の偵察機である。小さい胴体内に、Ｂｆ109は大型

前脚の不意引き込みで突っ伏したかたちのメッサーシュミットMe262A-1／U3。機首内に500ミリレンズ付きのRb50／30航空カメラ2台(30×30センチフィルムのマガジンは未装着)が見える。機首先端に30ミリMk108機関砲の発射口がある武装タイプだ。まさにドイツ強行偵察機の最高峰といえる。

カメラ一台、Fw190は小型カメラ二台を装備。武装は一部がはずされただけなので、腕に覚えのあるパイロットなら空戦もできた。

単発単座戦闘機から偵察機を作るのは、ドイツとアメリカ、イギリスに共通の方策だった。速度と機動力、それに見つかりにくい小さな機体を生かし、どの国の機もそれぞれよく活動した。Bf109とFw190はともに、大戦中盤から末期にいたる苦しい状況下で、比較的近距離の戦術偵察の主力を占めている。

ドイツの強行偵察機の〝真打ち〟はもちろん、ジェット戦闘機メッサーシュミットMe262Aとジェット爆撃機アラドAr234Bの改造型である。敵のプロペラ戦闘機に対し、前者は二〇〇キロ／時、後者は一〇〇キロ／時も速く、不運にみまわれなければ「われに追いつく敵機なし」を地で行けた。

登場の時期がおそく、基地の上空を敵機がつねに舞うなかでは、ジェット推進の威力を十分に発揮するわけには行かなかった。しかし、Ｍｅ262とＡｒ234が第二次大戦で最優秀の高速偵察機であることに、異論の余地はないだろう。

ドイツの偵察用カメラは、カール・ツァイス社製品で占められていた。

〔イギリス〕「モスキート」こそ最高の〝司偵〟

開戦当初の英空軍の偵察機には、単発軽爆撃機から改造のフェアリー「バトル」、双発爆撃機ブリストル「ブレニム」、アメリカ製双発爆撃機マーチン「メリーランド」、それに直協のウェストランド「ライサンダー」があった。ドイツ空軍の隙をついて飛ぶには、「バトル」はあまりに非力ですぐに引退し、「ブレニム」も同じく偵察任務からはずされた。「メリーランド」に代わって、ややましなマーチン「バルティモア」双発爆撃機が、性能不足ながら地中海方面で偵察任務に従事した。

低速の直協機「ライサンダー」は、敵戦闘機の目を盗んで地上支援、夜間作戦に、終戦の日まで使われ続けた。海軍が複葉・布張りの「ソードフィッシュ」を手離さなかったように、この種の機材を使い抜くところが、イギリス人の特質の一つだろう。

高速偵察機として不動の地位を築くのが、単発単座戦闘機スーパーマリン「スピットファイア」と、双発多座の多目的機デハビランド「モスキート」の、それぞれＰＲ（写真偵察の略記号）シリーズである。

インド東部の英空軍基地で第681飛行隊の係員がスーパーマリン「スピットファイア」偵察機型から垂直カメラ（2台）のフィルムマガジンを取りはずす。胴体右側の扉も開いた状態。

「スピットファイア」の偵察機型は多数あるが、最初のＰＲ・ＩＡと最終型のＰＲ19とでは、最大速度で一〇〇マイル（約一六〇キロ）／時、実用上昇限度で二マイル（約三二〇〇メートル）、航続力で四倍以上もの差がついた。両翼内と胴体内にカメラを備えた「スピットファイア」ＰＲ・ＩＡが、最大速度五七九キロ／時、実用上昇限度一万三六〇メートル、航続力六四〇キロの性能で有能な働きを示したのだから、ＰＲ19にいたる各型の力量が知れよう。

　もう一つの主力単発戦であるホーカー「ハリケーン」も、改造によるＦＲ・Ⅱがインドを基地に、ビルマ方面の日本軍を偵察した。戦闘機を示すＦと偵察機のＲの両記号が付されたとおり、原則的に武装なしの「スピットファイア」ＰＲと違って、機関砲あるいは機関銃をフル装備していた。飛行性能が劣るぶんを火力でカバーする方策であり、地味な戦域ゆえにそれなりの有効性を示した。

ドイツ防空陣の神経を逆なでするかのように、高速のデハビランド「モスキート」PR.XⅥは高高度を単機侵入した。主翼の上下面には味方識別用の白黒のストライプを塗ってある。

世界最高の双発〝司偵〟の名誉は、「モスキート」に与えられるべきだろう。爆撃機型と偵察機型の併用をめざして開発にかかった「モスキート」は、構造的に不利な木製機でありながら、金属製機を上まわる高速と、重爆を襲えるだけの運動性を備え、戦闘爆撃機にも夜間戦闘機にも用いられた。

さらに驚くべきは、爆、偵、戦爆、夜戦のいずれの型もが、トップクラスの性能を誇ったことだ。一九四四年五月に実戦に投入された、キャビンに軽い与圧をほどこした「モスキート」PR・XⅥ（16）は、航続力以外の諸性能で百式司偵三型にまさっている。同じころ、ドイツ本土への侵攻を始めた夜戦のNF・XⅨ（19）は、高性能のセンチ波レーダーを積んで、ドイツ夜戦をつぎつぎに捕捉、撃墜していった。どの型であろうと「モスキート」を落とせば、ドイツ側の戦闘詳報に大書されるほどの優秀さで、こんな〝八方美人〟は日本には皆無である。

偵察機は単発と双発だけではない。鈍重きわまるアブロ「ランカスター」四発重爆は、単独での夜間撮影や、爆撃機群に随伴しての投弾効果写真の撮影に使われた。

英空軍の偵察カメラは、ウィリアムソン社が製造していた。

〔アメリカ〕どんな用途にも合う品ぞろえ

米陸軍航空軍の偵察機は「F」の記号で表示されていて、分かりやすい。

すなわち、F－3がダグラスA－20双発攻撃機、F－4がロッキードP－38E戦闘機、F－5がP－38G、JおよびL戦闘機、F－6がノースアメリカンP－51戦闘機、F－7がコンソリデイテッドB－24重爆、F－8が前出の「モスキート」偵察機型、F－9がボーイングB－17重爆、F－10がノースアメリカンB－25双発爆撃機、F－11とF－12は試作止まりで、F－13がボーイングB－29超重爆を、それぞれベースにして作られた（F－1とF－2は実戦に参加せず）。ほかに「スピットファイア」偵察機型を少数機使った。

ベースの機が高速戦闘機、中型爆撃機、四発重爆の三種に分かれ、F－11（双発）とF－12（四発）だけが偵察専用機で実用に至らなかったのは、皮肉な感じがする。

番号順に見ていこう。F－3は太平洋戦争勃発時に製作が決まったが、A－20「ハボック」のJおよびKを改修したF－3Aが、夜間写真偵察にヨーロッパで用いられたのは、遅れて一九四四年以降になった。A－20と閃光《せんこう》弾の組み合わせは悪くなさそうだが、活動開始がドイツの敗色濃い時期だったためか、成果はあまり知られていない。

ロッキードF-5「ライトニング」の機首は大型カメラの積載にもってこいの容量があり、偵察機に改修するのに適した機だった。前方が23×23センチ・フィルムのK-17側方カメラ、すぐうしろが23×46センチ・フィルムのK-18垂直カメラ。

Ｆ－４とＦ－５はよく働いた。ターボ過給機が引き出す高空性能、六二八～六六六キロ／時の速度に加え、機首内の武装を取り払えばカメラ三～五台がそっくり入る構造など、Ｐ－38は偵察機に改修するのにぴったりの機だった。各戦線に登場し、太平洋では日本戦闘機を尻目に飛び去るケースが多かった。戦闘機改造の偵察機は、空中では戦闘機型と見分けがつかず、敵機に攻撃を躊躇《ちゅうちょ》させるのも、利点の一つである。

英空軍がＰ－51を低空用の偵察機に用いたのにならって、米陸軍も胴体内にカメラを積んでＦ－６シリーズとした。「アリソン」エンジン型がＦ－６ＡとＢ、高性能の「マーリン」エンジン型はＦ－６Ｃ、ＤおよびＫである。Ｆ－４／Ｆ－５が武装ゼロだったのとは逆に、Ｆ－６は機銃をそのまま残していたから、交戦は十分に可能で、偵察機乗りのエースも生まれた。大戦最後のドイツ機撃墜も、Ｆ－６ＣとＦｗ190の空戦で記録されたといわれる。

太平洋戦線は海ばかりなので、長距離を飛べる偵察機が必要との意見が、第二次大戦が始まったころに出てきた。やがて選ばれたのは四発重爆のB－17「フライング・フォートレス」とB－24「リベレイター」。速度は遅くとも被弾に強く、航続力が大きいうえに、広い胴体内に多数のカメラを積んで、一回の飛行で多量の画像情報が得られる利点があった。

実戦に加わったのは、B－17F改造のF－9が先である。しかし、一九四二年初めから四三年にかけて、F－9の損失率が大きいとの報告が各戦線から出され、「敵地の写真偵察には不適」と評された。

これに対し、一一個のカメラを装備したB－24D改造のF－7は、航続力や速度など諸性能にまさり、現地部隊の好評を得た。戦域の作戦用地図を作るための写真撮影が主な任務だった。

F－8になった「モスキート」は、この機にほれこんだハップ・アーノルド将軍のお声がかりがきっかけで、米陸軍への導入が決まった。だが、米仕様に直したカナダ製の機は、オリジナルのイギリス製に比べて低性能なうえ、初歩的な故障がめだち、F－8採用は結局キャンセル。これとは別に、イギリスで入手した〝本場〟製の「モスキート」のうちの少数機が、在英第8航空軍の偵察戦力の一翼を担い、ドイツ降伏まで各種のきわどい任務を遂行した。

B－25D「ミッチェル」改修のF－10は、少数機が太平洋戦線に投入されたが、性能的に偵察任務には適さず、F－5にとって代わられた。

1945年２月、関東空襲をめざし発艦待機中の空母「ホーネット」の搭載機。手前、第17戦闘飛行隊のグラマンF6F－５「ヘルキャット」群のうち、２列目の機体番号25Pと右の16P、その後ろの26Pは偵察機型のF6F-5Pで、武装は12.7ミリ機関銃２梃だけ。米海軍ではF6F-5Pが最も広く配備された。

Ｂ－29「スーパーフォートレス」が母体のＦ－13は、第二次大戦で最も大型かつ高価な偵察機である。Ｆ－13の戦略偵察目標になった日本には、この機が容易に飛べる高度の一万一〇〇〇メートルまで上がってくる戦闘機がなく、ほとんど自在の撮影ができた。

米海軍の偵察機は、空母搭載の艦上機が主体である。すなわちボートＦ４Ｕ「コルセア」、グラマンＦ６Ｆ「ヘルキャット」両艦戦、グラマンＴＢＦ／ＴＢＭ「アベンジャー」艦攻の、それぞれカメラ積載型が生産され、実戦に用いられた。

これらのうち、最も広く配備されたのがＦ６Ｆ－５Ｐ（末尾のＰが偵察機型を表わす）。一九四四年秋以降、正規空母、軽空母、さらには一部の護衛空母にまで載せられて、機動部隊が放つ敵状視察の目になって活動した。

また英海軍も、同型機を母艦機として使って、成果をあげた。

海兵隊でもＦ６Ｆ－５Ｐ、Ｆ４Ｕ－１Ｐを運用した。ほかに現地改造のグラマンＦ４Ｆ－３Ｐ「ワイルドキャット」少数機を、ソロモン方面で飛ばしている。

広範囲撮影のための大搭載力を有する偵察機には、海軍、海兵隊ともに、Ｂ－24の海軍版のコンソリデイテッドＰＢ４Ｙ－１Ｐ「リベレイター」を作戦に投入した。

アメリカで使われた航空カメラは、一部のコダック社製をのぞき、大半がフェアチャイルド社製である。

以上、四ヵ国の陸上偵察機をながめてみて、アメリカが最も広汎《こうはん》な任務に対応できる、との結論を得た。最強の航空戦力を持つ国は、やはり偵察能力もトップだった。

◀陸軍百式司令部偵察機三型（キ46-Ⅲ，三菱）データ▶

〈寸度〉 全幅14.70m，全長：11.00m（水平姿勢），全高：3.88m（水平姿勢），主車輪間隔：3.90m，主翼面積：32.0㎡

〈重量〉 自重：3831kg，全備重量：5722kg

〈動力〉 エンジン三菱ハ112-Ⅱ（四式1500馬力／「金星」六二型。空冷14気筒，離昇出力1500馬力，公称第１速1350馬力／高度2000m，公称第２速1250馬力／高度5800m）×２，プロペラ：住友ハミルトン定回転式３翅（直径2.95m），機内燃料容量：1895ℓ，機外燃料容量（落下式増加タンク）：400～600ℓ

〈性能〉 最大速度：630km／時／高度6000m，上昇力：高度8000mまで20分15秒，実用上昇限度：10500m，航続距離／航続時間（落下タンク装備時）：4000km／６時間

〈兵装〉 武装：なし，写真偵察：１号自動航空写真機×１，九六式小航空写真機×１

〈乗員〉 操縦者，偵察同乗者各１名（計２名）

◀デハビランド「モスキート」PR.XⅥ型データ▶

〈寸度〉 全幅：16.51m，全長：12.34m（三点姿勢），全高：3.81m（三点姿勢），主車輪間隔：4.98m，主翼面積：42.2㎡

〈重量〉 自重：6638kg，全備重量：10140kg

〈動力〉 エンジン：ロールス・ロイス「マーリン」72／73（液冷12気筒，離昇出力1290馬力，1680馬力／高度2590m，1460馬力／高度6400m）×２，プロペラ：デハビランド定回転式フルフェザリング３翅，機内燃料容量：2437ℓ，機外燃料容量（落下式増加タンク）：455ℓ

〈性能〉 最大速度：668km／時／高度8530m，巡航速度：400km／時，初期上昇率：884m／分，実用上昇限度：11730m，航続距離：3940km

〈兵装〉 武装：なし，写真偵察（高高度偵察時）：ウィリアムソンF.52カメラ×２，ウィリアムソンF.24カメラ×３

〈乗員〉 操縦員，航法・偵察員各１名（計２名）

夜の「ヘルキャット」

――単座戦闘機とレーダーの恐るべき組み合わせ

圧倒的な数の差と性能の優越とによって、劣勢の日本機を冥府へ葬り去り、エースメーカーの名をほしいままにした艦上戦闘機、グラマンF6F「ヘルキャット」の活躍は、あまりに有名である。米海軍／海兵隊の発表した過大な撃墜戦果を、ついそのまま信じてしまいそうなほど、日本機が打ちのめされるケースが多かった。

当然ながら彼女たちの空戦のほとんどは、明るい陽光のなかで行なわれた。だがその裏側で、闇にまぎれて索敵した「夜の狙撃者」夜間戦闘機型の戦果を加えなくては、「ヘルキャット」の戦史の全貌にはならないのだ。

レーダー付き夜戦を！

米軍に比べて夜間戦闘を得意とする日本航空部隊は、旗色が悪くなるに従い、多からぬ兵力を有効に用いるべく、敵の虚をつく夜襲や薄暮、払暁攻撃の頻度を高めていった。電波機器は無線機だけ、熟練搭乗員が技量と勘を頼りに突入するのだが、迎え撃つ米側に専用の夜間戦闘機がないこともあって、それなりの戦果があがった。

夜間空襲を制圧するために、レーダー装備の夜間戦闘機を望んだ米軍は、太平洋戦争勃発時にはすでに地上用の対空警戒レーダーを配置し、艦載の対空・対水上警戒レーダーも実用の域に達して、日本軍より二〜三年は先を行っていた。しかし、図体も重さも大きくてかまわない地上用、艦載用と違って、飛行機に付ける機載用レーダーは小型・軽量が必須の条件だ。そのうえ、射弾を命中させるために、敵機までの距離と高度差を正確に計らねばならない邀撃《ようげき》レーダーは、警戒レーダーよりずっと高い精度を要求される。一九四〇年（昭和十五年）までアメリカは、機載用邀撃レーダーを作れる技術を持たなかった。

この分野で先行したのはイギリスで、一九三七年に機載用邀撃レーダーを実用化。一九三九年にはレーダー装備の夜間戦闘機の部隊配備を開始し、一九四〇年七月には電波で捕捉したドイツ爆撃機の初撃墜を記録した。二番手は、イギリスにまる四年遅れて実用品の完成にこぎつけたドイツ。一九四一年八月にイギリス爆撃機を邀撃レーダーで捕らえた夜戦が落として、航空電波戦に本格的に参入した。

ただし、英独両国のレーダー付き夜戦はどちらも双発機である。レーダー本体とアンテナを装着しやすい機首部を持ち、エンジン出力に余裕があり、もともと大型で鈍重ぎみだから、一〇〇キロ前後の重量が増えても飛行特性に大差なし、と夜戦にするには好都合な条件がそろう。

日米開戦、対独戦参入を予期したアメリカは、レーダー先進国イギリスから得た情報と技術をベースに、陸軍、海軍／海兵隊とも一九四一年に入って、機載用邀撃レーダーと夜間戦闘機の開発に本腰を入れ始めた。動き出すとテンポは速く、海軍は十一月、マサチューセッツ工科大学の輻射《ふくしゃ》研究所で試作されたレーダーを、前年に初飛行していた二〇〇〇馬力級の新鋭艦上戦闘機ボートF４U「コルセア」に積んで、夜戦型にする研究をボート社に要請。日米開戦後の一九四二年初めには海軍が、ついで海兵隊も、夜間戦闘機部隊の編成準備に着手した。

夜戦の開発は米海軍にとって難題だった。陸上基地のみを使う陸軍、陸上での運用が大半の海兵隊は、双発戦闘機を使えるのに対し、原則的に空母だけを基地にする海軍には、単発戦闘機しかない。単発戦は双発戦の逆で、小型だからレーダーを取り付けにくく、一人乗りなので複雑で難しい夜の航法をこなしきれない難点があった。さらに、発着艦の容易さが必須の条件の艦上戦闘機には、レーダー装備から来る重量増と空力的なバランスのくずれは、容易ならない問題だった。

英海軍では一九四一年末、AI（「空中邀撃用」の略）・Ⅳ型レーダーを単発艦戦のフェアリー「フルマー」に装備。一九四二年なかばから部隊配備にかかったが、この機は後席がレーダーを扱える複座機という利点があった。ただし「フルマー」は戦闘機とは名ばかりの、艦上攻撃機なみの低性能機なので、有効な防御兵器とは言いがたかった。

このAI・Ⅳ型レーダーはイギリスのヒット作で、英空軍の夜戦に広く用いられた。海面や地上の乱反射に弱く、電波妨害を受けやすいメートル波レーダーながら、ドイツ側の電子機器のレベルの低さにも助けられ、夜間撃墜によく貢献した。

アメリカにもたらされたAI・Ⅳ型レーダーを、陸軍は双発攻撃機のダグラスA－20「ハボック」に装着してP－70と呼び、海兵隊はやはり双発の哨戒爆撃機ロッキード・ベガPV－1「ベンチュラ」に付けて、とりあえず夜戦に用いることにした。

海軍はAI・Ⅳ型の使用を見送って、いきなり本格的な邀撃レーダーを採用する。

第二次大戦中に機載用レーダーを実用化したイギリス、ドイツ、そして日本が、技術的にやさしいメートル波から高難度のセンチ波（マイクロ波）へと移行したのに比べ、アメリカは一気にセンチ波レーダーの実現をめざし、成功を見る。

マサチューセッツ工科大学での波長三センチ脈波の使用成功を受けて、一九四一年末にスペリー社がセンチ波レーダーの開発と生産を担当、翌年四月に空中テストの段階に達した。このレーダーは、索敵時には放射角が左右一二〇度と広いスパイラル・スキャンを用い、敵機を捕捉したら、頂角一〇度の円錐状に電波を出す高精度のコニカル・スキャンに切り替える、二段階方式である。装置の重量、大きさの点でも、単発機への装備が十分に可能だった。

空母「イントレピッド」の飛行甲板で発艦に備えて試運転を行なう第101夜戦飛行隊のF4U-2「コルセア」夜間戦闘機。右翼外翼部の丸いものがレーダー・ドームだ。トラック諸島空襲の1944年(昭和19年)2月中旬に撮影。

装備する戦闘機はかねて予定のF4U「コルセア」。ボート社は昼間戦闘機型F4U-1の量産対策に多忙なので、海軍航空工廠が改造作業を代行し、右翼端近くの前縁にレーダー・ドームを付けたF4U-2の引き渡しが、一九四三年一月から始まった。

部隊編成は四月にスタート。空母搭載用の第101と陸上基地用の第75の二個夜戦飛行隊が編成され、後者は十月末に北部ソロモン諸島ショートランド島付近の上空で、一式陸上攻撃機（第七五一航空隊所属機と思われる）の撃墜を報じて、単発単座夜戦の夜間初戦果を記録した。また前者にとっては、一九四四年二月の中部太平洋での一式陸攻撃破が戦果第一号だった。

だが、このほかには海軍のF4U夜戦飛

行隊は作られず、両隊の活動も一九四四年なかばにはしぼんでしまった。海軍航空工廠におけるF4U-2への改造も、三二機で終わった。機首上げ時の前方視界が悪く、発着艦の困難な「コルセア」夜戦に代わって、ずっと扱いやすい適材が登場したからである。

F6FとAPS-6レーダー

F4Uからちょうど三年遅れて、一九四一年六月に試作が発注されたグラマンF6Fは、日米開戦でただちに量産契約がかわされ、試作発注から一年後には原型機が初飛行と、とどこおりなく開発が進んだ。途中、エンジンの換装などで生産機の基本条件が変わったけれども、一九四二年十月に量産型のF6F-3「ヘルキャット」が飛び始め、年末までに一〇機、翌一九四三年中に二五〇〇機以上が引き渡されて、米海軍主力戦闘機の座を占めていく。

F6Fの試作発注がなされたのは、F4Uの量産発注と同時だったことからも知れるように、革新的な高速機で艦上機としての運用に不安があるF4Uの、不首尾に備えたものだった。したがって極力、冒険を廃し、発着艦特性を第一に考えたオーソドックスな仕上がりになったが、その能力はこれまで日本で述べられてきたような「二〇〇〇馬力の高出力で空力的不洗練をカバーした、質より量の平凡作」などでは決してない。

発着艦を容易にする大きな主翼は、翼面荷重を下げて良好な運動性を生み、同じく大面積の尾翼が安定した射撃特性をもたらした。速度は日本の新鋭戦闘機といい勝負（性能にムラが多い日本の二〇〇〇馬力級機よりも平均値では上）で、上昇力にも勝り、同程度の腕のパイロットが局地戦闘機「紫電改」や四式戦闘機「疾風」と同数で戦ったなら、無線機の質の違い、機関銃の弾道特性の差、耐弾能力の優劣なども加わって、確実に互角以上の空戦を展開したはずだ。これだけの堅実・優秀な艦戦を「あっさり作って、どしどし量産したにすぎない」などと島国根性の判官《ほうがん》びいきで見られては、グラマン社もたまるまい。F6Fに苦戦した日本のパイロットが、その手ごわさを最もよく知っている。

F6Fの夜戦化は、F4Uの夜戦型の試作発注にすぐ続いて決まったようだ。F6Fの空母との相性のよさはたちまち証明され、対照的なF4Uは海兵隊の陸上基地用にまわって、海軍の主力夜戦型はF6F一本にしぼられた。

〔F4UとF6F両夜戦の機体開発と初期の装備レーダーに関しては、各種事項がまさに諸説紛々で、資料によって内容やデータがさまざまに異なり、確定しがたい。たとえば、米海軍が単発単座夜戦用に用いたAI・A型レーダーは、AN／APS－4（後述）を示す説、その試作品を示す説、AN／APS－6（同）を示す説、－4と－6の両方を示す説に分かれ、試作や完成の時期もまちまちに記されている。ここでは筆者の判断で、可能性の高そうな内容データをつないで、ひとつの流れにまとめたことをお断わりしておく〕

F6F－3の右翼端に、レーダーアンテナ収容ドームを付けた夜戦型試作機XF6F－3Nは、一九四三年の晩春から初夏にかけて作られ、各種の飛行特性、発着艦特性を測定。試験飛行は成功をおさめ、整備面でも先輩のF4Uをしのぐと分かった。問題は、計器盤の照明灯が風防に反射して視界をさまたげることで、赤色灯をいくつも配して照明を変更、曲面の多い前部固定風防の枠を減らし、前面の平面ガラスの大型化で対処した。この赤色灯と前部風防は好評で、のちに昼間戦闘機型にも導入される。

装備レーダーは、F4U－2に用いたものとは違っていた。マサチューセッツ工科大学の研究をふまえたところは同じだが、一九四三年一月からウェスチングハウス社をメインに開発・試作にかかった、新型スキャナー、新型発信器を備えるセンチ波レーダーである。試作品は十月にでき、空中テストののち先行量産に入って、一九四四年一月にAN／APS－6(陸海軍／空中脈波《パルス》捜査装置6型)と名付けられ、四月から本格量産型の引き渡しが進められた。

この間に、F6F夜戦の好成績に喜んだ海軍は、発注中の昼間戦闘機型F6F－3の半数の夜戦化を企画したほどだった。しかし、まずスタートまもないレーダーの生産が追いつかないこと、次に夜戦パイロットの条件が戦闘機操縦員学校《ファイター・スクール》を優秀な成績で出た者か、あるいは実戦経験者かのどちらかと規定され、さらに半年以上（二九週間）の慣熟訓練が必要とあって、断念せざるを得なかった。

量産型F6F－3Nの引き渡しは一九四三年の秋に始まり、昼間戦闘機型の五パーセントに当たる二〇五機（一四九機、二二九機のデータもある）が、一九四四年四月までに作られた。

　F4U－2では重量のバランスをとるため、一二・七ミリ機関銃を一梃減らしてレーダーを付けたのに対し、F6F－3Nは六梃のフル装備で、電波高度計や味方識別装置の追加によって、昼戦型に比べ自重は一〇四キロ、全備重量で二六〇キロの増加をみた。これにレーダー・ドーム付加のための空気抵抗増が加わって、最大速度は高度五三〇〇〜五五〇〇メートルで一五マイル／時（二四キロ／時）、超低空で二〇マイル／時（三二キロ／時）低下した。けれども五八〇キロ／時の最大速度は、夜間空戦なら十分だし、日本戦闘機相手の昼間空戦でもさして苦痛は感じない。

　最大速度よりも、初期上昇率が一〇七〇メートル／分から九四〇メートル／分へと落ちた点が戦闘機としては痛い。対戦闘機戦でものを言うのは高度の優位だからだが、これも主敵が夜間飛行中の機動能力が低い多座機なので、顕著なマイナスにならなかった。

1943年10月、護衛空母「チャージャー」でテスト中のF6F－3「ヘルキャット」夜戦。「コルセア」夜戦と同様、右翼にレーダー・ドームが付いている。当然、空気抵抗の増加を招いた。

F6F-5Nの20ミリ機関砲装備タイプ。銃身が長く突き出ている。一撃必殺を要する夜戦にその破壊力は魅力だった。主翼下面に３つ見えるのは127ミリ・ロケット弾３発の懸吊部。

Ｆ４Ｕ－２に付けたアメリカ初の機載用邀撃レーダーは、上下の覆域は浅くても、左右を広くカバーできるよう改良が進み、ＡＮ／ＡＰＳ－４の名称が付された。夜戦用にももちろん使えるが、高度差が大きい空域の敵機はつかみにくく、逆に左右をパノラマ的に捜索可能なことから、レーダー専従者の乗れる艦攻、艦爆に取り付けて、夜間の敵艦隊に対する索敵攻撃や、闇にまぎれて浮上航行中の潜水艦の捕捉、雲上からの爆撃目的探知といった、海面／地形捜索レーダーに主用されることになる。

ＡＰＳ－４装備のＦ６Ｆ－３Ｅは、一九四四年一月から四月のあいだに一八機が引き渡されて終わった。

一九四四年の春、昼戦型の生産がＦ６Ｆ－３からＦ６Ｆ－５に切り替わるのに合わせて、夜戦型もＦ６Ｆ－５Ｎと－５Ｅに変わった。Ｆ６Ｆ－３と－５のエンジンは同一で、カウリングや風防の形状をいくらか変更、防弾装備を増した程度だから、性能的に大した差はない。この点、夜戦型も同様である。

武装の変更点は、両翼とも内側の一二・七ミリ機関銃一梃を二〇ミリ機関砲に換装可能になったことだ。弾数と有効射距離の減少、弾丸の入手しにくさなどで昼間戦闘機には歓迎されなかったが、相手が大型機の場合が比較的多く、再度の捕捉が難しい夜戦にとっては、二〇ミリ弾の破壊力は魅力があり、一部のF6F－5Nに機関砲が取り付けられた。

また、一九四四年六月以降に生産のF6F－5はすべて、レーダー・ドームと操縦席内のレーダー操作装置の付加が容易なように改修され、随時F6F－5Nにモデルチェンジ可能になった。

生産数は大幅に増えて、F6F－5Nが一四三四機、－5Eが約五〇〇機も作られた。ほかに－5Nと同型を八〇機、英海軍向け供与機として生産している。

レーダーの内容は？

AN／APS－6レーダーの皿型アンテナは直径四三センチ。F6F－3Nと－5Nの右翼端近くの前縁に付いたファイバー製ドーム内に、トランスミッター、レシーバーとともに収容される。レーダースコープは見やすいように、射撃照準器の下、人工水平儀の横の位置にはめこまれた。レーダーの操作装置は飛行操作に差しつかえないように、左側のコンソールに付けてあった。作動スイッチと六個の操作つまみでかんたんに扱え、パイロットの好評を得た。専門のレーダー手がおらず、操縦しながら操作し表示を読み取るのだから、簡便さ

F6F-3Nの計器盤。中央の突き出た円筒の部分がレーダースコープ。この部分にあったコンパスは左端に移されている。

が不可欠の要素なのだ。

　アンテナから六〇度の角度で電波を出すスパイラル・スキャン方式。アンテナは各方向に最大五〇度傾けられるから、一六〇度の範囲内で六〇度ずつの探知が可能なわけだ。ただし、射撃照準器に内蔵の陰極線管と連係させる場合は、アンテナの傾斜は上下・左右とも計一五度の範囲内に制限される。

　個々の機材や使用状況によって異なるが、APS－6の有効距離は最大八キロ、最小一二〇メートル。敵機の方位と高度を、二つの輝点で示す画期的なダブル・ドット方式を採っていた。敵機からの真の反射波による輝点と、いつもその右側に出る虚《ゴースト》の輝点との上下の差で、敵機との高度差を視認でき、二つの輝点が、スコープを上下に走る中心線の左右どちらにあるかで方位を、上下のどこにあるかで距離を知れる。PPI（表面位置表示装置）方式のCスコープほど正確ではないが、ひと目で相対関係が分かり、計器との照合による敵位置の判定と捕

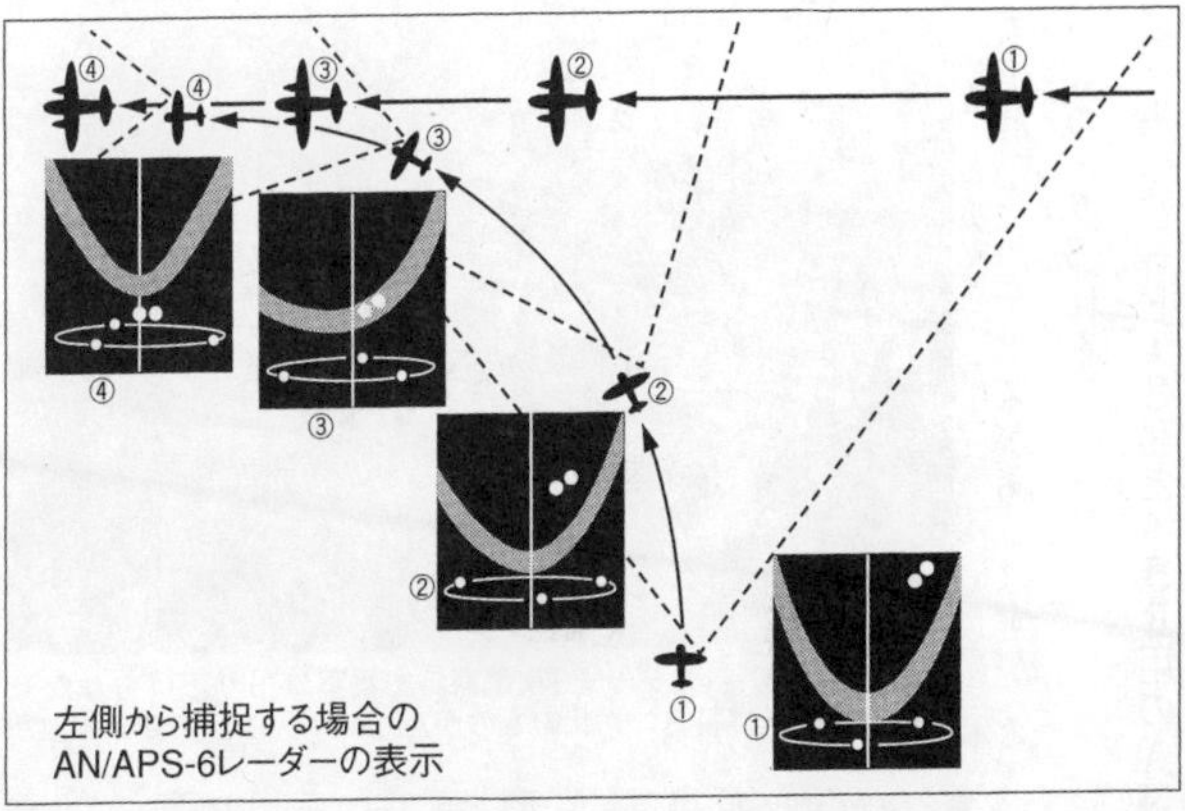

捉に十分に有効だった。
　九〇〇メートル以内に接近したら、射撃照準器のほうへ映像を移し、さらに近づいて射撃を加える。理想的な射距離は二二〇〜二三〇メートル。
　使用時、スコープ内の表示は上図のようになる。
①右方向四五度に敵機を捕捉。二つの輝点のうち右側のものが上にあるから、敵高度がこちらより高い。U字形ラインは海面からの反射波。
②上昇、左旋回して敵機に接近する。二つの輝点の上下差が減り、海面からの反射波は左へ傾く。
③距離一六〇〇メートル。高度も一六〇〇メートルなので、輝点が海面反射波のラインをよぎる。高度差はさらに減った。
④敵後方三六〇メートルに占位。海面反射波のラインが左右対称にもどり、高度差はほとんどない。
　AN／APS－6の合計重量は一一〇キロ。激しい機動のさなかでも、高度九〇〇〇メートル以上の

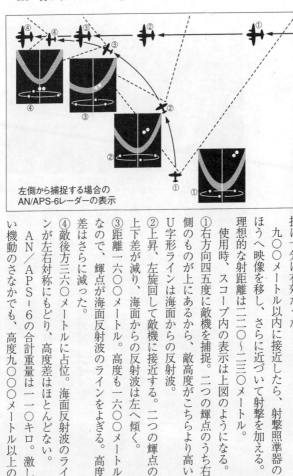

TBM-3E「アベンジャー」攻撃機。主翼下に吊り下げられた白い落下式燃料タンク状のものがAPS-4レーダーのポッド。

高高度でも確実に作動する、優れた兵器だった。

Ｆ６Ｆ夜戦には邀撃レーダーのほかに、ＡＰＮ－１電波高度計、ＡＰＸ－２味方識別装置を装備。さらには、ＡＰＳ－13後方警戒レーダーまでが用意された。まるで夜戦対夜戦、電波戦の鍔《つば》ぜり合いに突き進んだヨーロッパの夜空へおもむくほどの出《い》で立《た》ちである。電波高度計用として主翼付け根の下面に、Ｔ字形の小型アンテナが設けられた。

ＡＰＳ－13後方警戒レーダーは頂角六〇度の円錐状に電波を放ち、後方八〇〇ヤード（約七二〇メートル）以内に入った敵機を感知できる。ヨーロッパの戦訓によって付加されたと思われる後方警戒レーダーだが、鈍重で肉眼と勘が頼りの日本双発夜戦が、夜間攻撃隊を掩護《えんご》して来襲、斜め銃でＦ６Ｆ夜戦に襲いかかる、といったケースがあるはずがない。取りこし苦労のこの電波兵器は、まもなく除去されたものと思われる。

一方、Ｆ６Ｆ－３Ｅと－５Ｅ用のＡＮ／ＡＰＳ－４レーダーの有効距離は、最大で六四〇

○メートル、慣れた者が使えば最小はなんと七五メートル。この種の捜索レーダーの最小有効距離は、五〇〇メートル～一〇〇〇メートルがふつうだから、驚異的な短距離と言え、レーダースコープを見るだけで、確実に敵を目視できる位置に乗機を持っていける。

皿型のアンテナは左右方向にのみ動き続けるため、側方は計一五〇度の広範囲を常時カバーできるが、上下方向は電波発射角の六〇度だけだ。目標表示はダブル・ドット方式ながら、APS－6とはやや異なって、スコープに映る二つの輝点の左のものが敵を、右が自機を示す。両輝点の相互関係を見つつ接近するのは同じだから、夜間空戦にももちろん使用可能である。

重量は八〇キロ強と、APS－6より三〇キロ近くも軽い。アンテナ、トランスミッター、レシーバーなどは、落下式燃料タンクに似た形のポッドに納められ、翼下に懸吊の状態で使用する。操作・配電盤、スコープも小型で、どんな機の機内にも取り付けられた。APS－4はF6Fが用いたケースはむしろ少なく、TBM－3E「アベンジャー」攻撃機、SB2C－5「ヘルダイバー」爆撃機に装備され、対艦・対地攻撃の目標探知に使われたのは、前述のとおり。

アメリカのレーダー技術は、APS－6とAPS－4、それに一〇センチ波長のSCR－720（陸軍主用。P－61「ブラックウィドウ」夜戦、海軍のF7F－3N「タイガーキャット」夜戦に装備）の実用化で、先進国だったイギリスを抜き去った。APS－4はAI・XV

(15)型、SCR－720はAI・X(10)型としてイギリスに送られ、「ファイアフライ」複座艦戦、「モスキート」双発戦の夜戦用レーダーに使われた。

実験から分遣隊方式へ

通常型のF6Fが、初めて夜の航空戦に用いられたのは、マキン、タラワ両島を含むギルバート諸島攻防戦の一九四三年(昭和十八年)十一月。同諸島の奪取を援護する米第50任務部隊(TF－50)の空母群を、北方のミレ、ルオット、マロエラップの各島(いずれも環礁)から第二十二、第二十四航空戦隊の一式陸上攻撃機と零式艦上戦闘機が攻撃し、四次にわたる航空戦を展開したときだ。

空母「エンタープライズ」に搭載の第6空母飛行群(CVG－6。三個飛行隊で編成。一個飛行群で空母一隻の航空戦力になる)の司令は、F4Fを駆って海軍初のエースになったエドワード・H・オヘア中佐。

彼は一式陸攻の夜間雷撃に対抗するため、レーダー応用の邀撃を案出した。まず空母の強力な捜索レーダーで遠距離に日本機を捕捉し、在空のTBF－1「アベンジャー」を敵機の空域へ誘導する。やはり飛行中のF6F－3「ヘルキャット」は、TBFに追随していく。距離が近づくとTBFは、自前《じまえ》のASB－3捜索レーダーにより日本機を探知し、F6Fをその位置へ向かわせて撃墜させる方法だった。

第七五二航空隊の一式陸上攻撃機一一型が海面上をはうように接敵する。ただし実戦ではなく訓練中に写された画像だ。

この戦法をオヘア中佐が考えた基盤は、Ｆ６Ｆの良好な飛行特性にあった。無論、レーダーなしの昼戦型を使うのだ。「こうもり哨戒《バット・パトロール》」と呼ばれたＴＢＦとの連係プレイを、第２戦闘飛行隊（ＶＦ－２）のパイロットたちは受け入れて、十一月二十四日（日本時間では二十五日）に初出撃を行なった。だが、この夜はカラ振り。天候不良で一式陸攻隊が米艦隊を見失ったからだ。

二日後の二十六日（同二十七日）、オヘア自らがＦ６Ｆに乗って空中指揮をとり、その列機のＦ６Ｆと誘導役のＴＢＦとともに夜空を飛んだ。今回は日本機が接近し、そのレーダー情報が空母から伝えられた。ミレ島とマロエラップ島から出撃した、野中五郎少佐の率いる七五二空の一式陸攻一五機である。

Ｆ６Ｆ二機とＴＢＦは五キロ近く離れていて、いち早く陸攻を捕捉したＴＢＦが、機首の固定機関銃か旋回機関銃かで二機の撃墜を報じた。オヘア中佐と列機が旋回し、ＴＢＦのいる空域へ向かってきたのを、ＴＢＦの銃手は陸攻と間違えて射弾を浴びせた。不運にもオヘア機に命中（陸攻からの射弾ともいう）し、彼自身に当たったものか、そのままF6Fは海面に落ち、行方不明になった。これが、F6Fにとっての夜間空戦のスタートである。

それから二ヵ月たった一九四四年一月。APS－6レーダー付きのF6F－3Nを装備する、第76夜戦飛行隊（VF（N）－76）が実働可能状態になり、空母「バンカーヒル」と「ヨークタウン」に四機ずつ分遣された。このとき、海軍最初の艦載夜戦部隊・第101夜戦飛行隊のF4U－2も、「エンタープライズ」と「イントレピッド」に各四機が置かれていた。夜間の防衛用に夜戦飛行隊の装備機を、正規空母に四機ずつ分遣するこの方式は、六月下旬のマリアナ沖海戦時に普遍化する。

中部太平洋から内南洋へと攻め上がる米海軍は、一九四四年一月二十九日にマーシャル諸島クエジェリン島（環礁）攻略を開始。ところが、二年間待ち望んだ夜戦の搭載なのに、「バンカーヒル」など第58任務部隊の前記四隻の空母は、作戦中この夜間防衛戦力をほとんど使わなかった。

それは、信号員、甲板作業員ら艦上勤務者の疲労が原因だった。島嶼《とうしょ》攻略を支援中の正規空母の搭載機は、払暁に近い未明から薄暮をすぎて夜に入ったころまで、一五時間ほどものあいだ発着艦をくり返す。二〇～三〇機の出撃をとどこおりなく済ませたと思うと、まもなく帰還機群の収容にかからねばならない。これが夕刻以降になれば、排気炎と翼灯を見て帰投状況を判断し、視界不良のなかで極力安全に、しかも次から次へと着艦に導いてエレベーターに載《の》せるのだから、作業員の気力、体力の消耗は並ではない。

このあとさらに無理をして、夜間戦闘機をより困難な状況下で送り出すことの、費用対効果が疑問視されたのだ。あやふやなレーダーが頼りのわずか三～四機の夜戦では、日本機の夜襲にいかほどの効果もあげられまい、と思われていた。

パイロットは間断なく訓練を行なっていないと、勘と技量が目に見えて低下する。着艦というきわどい操作が必要な母艦のパイロットはなおさらで、良好な視界を望めない夜戦乗りはさらに顕著である。空戦の判断力も同様に、あまりブランクがあくと鈍ってしまう。空母四隻に搭載されたF6F－3NとF4U－2のパイロットたちは、待機室で待ち続けるうちに、必須の感覚の冴《さ》えが失われ始め、空母の作戦関係者もこれを案じて、ますます夜戦の出動を見送るようになった。

たまに邀撃に上げてもらっても、不首尾が続いた。

「日本の真珠湾」と呼ばれたトラック島に、米機動部隊が大挙押し寄せた二月十七日、在島の日本海軍航空戦力の大半を失わせたが、日本機の反撃を懸念して、夕方から夜戦を艦隊の上空哨戒に上げた。予想は当たり、九七式艦上攻撃機六～七機が闇にまぎれて接近するのを、「エンタープライズ」のレーダーが捕らえ、ラッセル・R・リーゼラー大尉が指揮する在空の第76夜戦飛行隊B分遣隊（「ヨークタウン」搭載）のF6F－3Nを、敵空域へ誘導した。

日本機はトラック諸島・春島を発進した、第五八二航空隊の九七艦攻四機だった。実戦経

魚雷を抱いて突進する九七式艦上攻撃機一二型。高技量のペアによる夜間雷撃は、ときとして大きな戦果をもたらした。

験がほとんどないＦ６Ｆ夜戦と空母のレーダー誘導員のコンビは、艦攻を捕捉できず、対空火器も夜戦への誤射を気にして弾幕に隙《すき》ができたそのとき、一機の九七艦攻が防御をくぐって突進してきた。放たれた魚雷で「イントレピッド」の艦尾が破壊されて、二八名が死傷。傷ついた空母は戦場を離脱し、真珠湾へ帰らねばならなかった。

翌十八日の未明、「エンタープライズ」から発進した捜索レーダー装備のＴＢＦ－１Ｃ攻撃機編隊は、トラック島に米艦上機で初の夜間攻撃を実施。これが好成績を納めたことから、前夜に不評を浴びたＦ６Ｆ－３Ｎと夜間警戒任務を交代させては、との意見も出るありさまだった。

二月二十二日、第76夜戦飛行隊に初の凱歌《がいか》が上がった。マリアナ諸島付近で「バンカーヒル」のＡ分遣隊三機が「零戦五機、一式陸攻一機撃墜」の大戦果を報じたのだ。しかし、レーダー使用の夜戦邀撃ではなく、すっかり朝になってからだったため、夜戦の存在価値の立証にまでは至らなかった。

ついで三月末、パラオ諸島付近で作戦中の「レキシントン」は、未明に敵機をレーダーで探知し、第76夜戦飛行隊C分遣隊のF6F－3N四機を放った。敵が来襲しないまま三時間たち、すっかり夜が明けたので交代に昼戦型のF6Fを上げたところ、そのパイロットは夜戦を敵機と思いこんで銃撃。F6F－3Nは海に沈んだが、パイロットは無傷で救助された。不始末の原因が連係不足にあったのは明らかだ。

夜間撃墜に成功

誇大な戦果報告があいついで、一日に四〇名ものF6Fエースを生んだ。マリアナ沖海戦初日の一九四四年六月十九日、第76夜戦飛行隊でも計一〇機の撃墜が記録された。九九式艦上爆撃機をこの日だけで五機も落としたリーゼラー大尉（「イントレピッド」が夜間攻撃を受けたときの空中指揮官）を筆頭に、午後の作戦飛行で上がった四名の戦果だが、すべて昼間の撃墜だった。

F6F－3Nの初の夜間撃墜は、翌二十日の未明に実現した。マリアナ沖海戦が初陣の二番目のF6F夜戦部隊、「エセックス」「ヨークタウン」「ワスプ」の三隻に分遣隊を置いた第77夜戦飛行隊のジョージ・L・タールトン少尉が、グアム島上空で九九艦爆を落としたのだ。少尉と飛行隊長がもう一機ずつを続けて撃墜している。

〝老舗《しにせ》〟第76夜戦飛行隊では七月二日の真夜中に、ワレン・H・アバクロンビー大尉が一式陸攻を葬って、夜間撃墜第一号になった。それから二日後、海軍の夜戦航空隊で一夜あたり最多の撃墜が、たった二機により記録される。

七月四日の午前零時を三〇分ほどすぎて「ホーネット」を発艦した、第76夜戦飛行隊B分遣隊（「ヨークタウン」から移乗）のフレッド・L・ダンガン中尉とジョン・W・デアー中尉の二機は、本格攻撃を前に小笠原諸島の父島へ索敵攻撃に向かった。島の泊地上空を飛びまわって四時間ほどがたち、ようやく薄明るくなってきて、デアー中尉は在泊の駆逐艦らしい目標に五〇〇ポンド（二二七キロ）爆弾を投下する。

そのときデアーのレシーバーに、助けを求めるダンガン中尉の声が響いた。三機の「ルーフ」（二式水上戦闘機）が、ダンガンのF6Fを追っている。デアーが見まわすと、飛んでいる二式水戦は合わせて九〜一〇機と分かった。

これらの水戦は六月末に父島に進出した、佐世保航空隊第一分隊の所属機だった。F6Fを邀撃すべく、直井輝行上飛曹ら九機が離水。勇敢にも、猛牛のような敵機に空戦を挑んだのだ。デアーの機数の判断は正確だったわけである。

デアーは続けざまに二機を海中に撃墜したが、それからの三〇分は格闘戦が続いた。彼がさらに一機を戦果に加え、立ち直ったダンガンが四機を撃墜。ようやく空戦が終わったとき、

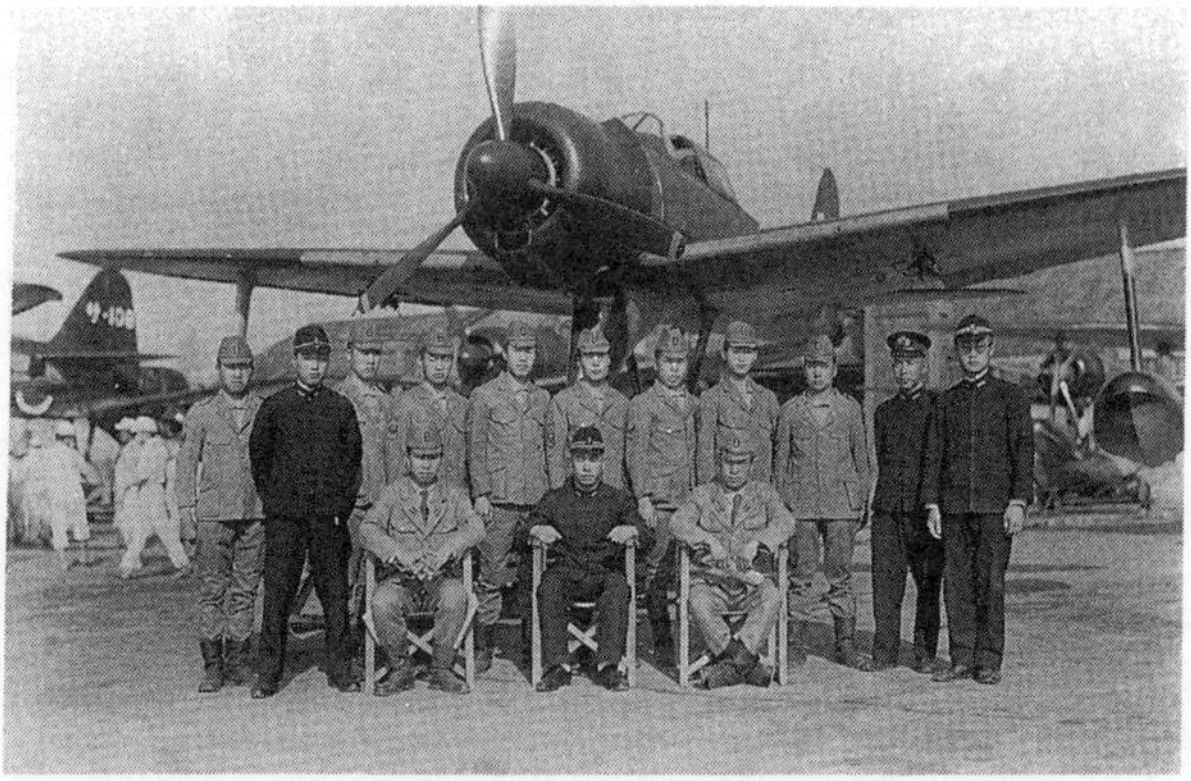

父島進出を前にしての佐世保航空隊第一分隊の記念撮影。座るのは左から派遣隊長・平野三一飛曹長、分隊長・米増定治郎大尉、直井輝行上飛曹。

F6F-3Nは二機とも手ひどく被弾していた。ダンガンは肩を負傷しながらも、またデアーは滑油が漏《も》れきった状態で、ようやく「ヨークタウン」に着艦できた。

日本側の損害が彼らの報告を裏づける。佐世保空水戦隊は五機が撃墜され、一機が不時着水し、帰投し得たのは三機だけ。F6F夜戦を傷つけたのは直井上飛曹の手柄で、彼が撃墜一機、同不確実二機を報告していた。実際にはグラマンは落ちなかったのだが、最大速度で一五〇キロ/時も遅く、機動力も大きく劣るゲタばき機での奮戦はりっぱである。

ダンガンは四月二十三日に一機、六月十九日に二機（ほかに一機不確実）の昼間撃墜があるから計七機で、エースの「五機以上」の資格を得た。父島の空戦は黎明から早朝にかけて行なわれたが、夜間の戦果と認められたため、もう一機で夜間エース第一号になれたのに、あとが続かなかった。

マリアナ沖海戦後に三番目のF6F夜戦部隊、第78夜戦飛行隊が「イントレピッド」「エンタープライズ」に搭載され、実戦配備についた。この部隊も八月末には一式陸攻を一機撃破して、以後もF6F夜戦の部隊数の順調な増加と、分遣隊方式の定着が進むかに見えた。

しかし、空母部隊や母艦の首脳陣にとってみれば、たしかに功績は認めるものの、艦戦隊全体の成果から見ればほんのわずかにすぎず、特殊な存在の小隊を活用するには煩《わずら》わしさが先に立った。搭載戦闘機は昼間用だけでいい、敵の夜間攻撃には対空火網と操艦とで対処できる、との判断である。

四番目のF6F夜戦部隊ができたところで、正規空母ごとに四機分遣の方式に、変化が生じた。

ダグラスSBD「ドーントレス」艦爆で戦ってきたターナー・F・コールドウェル中佐が飛行隊長の、第79夜戦飛行隊は一九四四年一月末から、ロードアイランド州（アメリカ最小の州。ニューヨーク市とボストン市の間）で四ヵ月の訓練を実施。サンディエゴで配属待機し、六月初めにハワイに到着したときには、パイロットたちはF6F夜戦で三〇〇時間近くを飛び、計器飛行、レーダー操作などをこなせる技量に達していた。

より有効な夜戦の活用を考えたコールドウェル中佐は、空母一隻の搭載機を全部夜戦隊にする案を進言。これが容《い》れられて、オーバーホールで真珠湾にもどっていた軽空母「インデイペンデンス」を使うと決まり、八月下旬に第79夜戦飛行隊は解隊、あらたに第41夜戦飛行隊に生まれ変わった。また、F6F－3Nと同じAPS－6レーダーを付けた、補助機材のTBM－1D「アベンジャー」攻撃機を八機に増やして、兄弟部隊の第41夜間攻撃飛行隊〔VT(N)－41〕を作り、両隊を合わせて第41夜間軽空母飛行群〔CVLG(N)－41〕を新編。コールドウェルは群司令の座についた。

第41夜戦飛行隊の装備機数は一九機。うち一四機を占める夜戦型「ヘルキャット」は、これまでのF6F－3Nではなく、八月から出まわり始めた新型の－5N。昼間作戦にも使われるから、残りの五機はレーダーを付けないF6F－3が三機と－5が二機だった。

夜戦専門の飛行群の誕生で、これまでの第76～第78夜戦飛行隊は九月までで廃止になり、その分遣隊はそれぞれの空母の昼間戦闘飛行隊に吸収された。せっかくの特訓のかいもなく、旧分遣隊の夜戦パイロットたちは一般のパイロットにまじって、昼間作戦に従事したのだった。

専用空母でフィリピンへ

あらたな構想のもとにできた第41夜間軽空母飛行群を載せる、空母「インディペンデンス」は第38任務部隊に組みこまれ、一九四四年八月下旬にエニウェトク環礁を抜錨した。目標はフィリピン。上陸作戦を前に日本軍の航空戦力を叩くのが目的のこの作戦で、夜戦専門飛行隊の有効性を試してみようというのだ。

とは言え、フィリピン近海までは、夜間、未明の飛行はわずかで、昼間の上空警戒ばかり。九月九日と十日の南部フィリピン（ミンダナオ島）攻撃も、朝からの昼間制空戦に使われて、「夜間飛行用の腕がにぶる」とパイロットたちから不満が出た。そのうえ、フィリピンに不時着または墜落して極秘のレーダーが日本軍にわたらぬよう、F6F-5Nからレーダーがドームごと取りはずされた。夜戦型はレーダーを付けた状態、つまり右翼が重いのを計算に入れて操縦桿の中正位置を決めてあるため、これを除去するとバランスが狂い、引いては操縦感覚がおかしくなってくるのだ。

第41夜戦飛行隊に初戦果がもたらされたのは、中部フィリピンに襲いかかった九月十二日の朝。マニラ東方、フィリピン海洋上で一式陸攻（索敵機か）を、ジョージ・W・オブナー少尉ら二機が撃墜したのだが、すっかり朝になってからの交戦だった。

だが、この日の夕刻に夜間撃墜第一号が出た。四機のF6F夜戦が薄暮哨戒からもどったとき、「インディペンデンス」のレーダーが単機接近する日本機を捕捉。その指示を受けて、四機はふたたび上昇し、砲撃のなかをレイテ島方向へ離脱する敵を追った。長機は二一〇〇飛行時間のベテラン、ウィリアム・E・ヘンリー大尉。

ヘンリー大尉はサマール島の上空あたりで、レーダーに目標を捕らえ、誤射を防ぐため敵味方を識別できる距離まで近づいた。双発の百式司令部偵察機だ。まきぞえを食わぬよう距離を開いて射撃。列機のジャック・S・バークハイマー少尉も撃って百式司偵は落ち、第41夜戦飛行隊の初の夜間戦果は二人の協同と記録された。

以後も第41夜戦飛行隊は健闘し、九月二十四日までに撃墜六機、同不確実二機、撃破三機を報じたけれども、いずれも朝の戦果で、部隊の存在価値を高めるわけには行かなかった。このころの日本軍の実戦部隊のパイロットは陸海軍とも、たとえば戦闘機乗りなら四〇〇時間に満たない飛行経験の者が大半を占めていた。緒戦時なら敵機が来そうにない基地の上空哨戒あたりがせいぜいで、空戦の可能性が大きい作戦飛行には、まず連れていってもらえないレベルである。このクラスを相手に、数と性能でまさるF6Fが押し寄せるのだから、夜戦パイロットでも勝つのは当然で、第41夜戦飛行隊が昼間にこの程度の戦果をあげたところで、目だつはずがない。部隊の有効さを知らしめるには、夜の敵を落とすしかないのだ。

二番目の夜間戦果は初戦果から一ヵ月後の十月十二日。景気のいい日本海軍機の戦果報告とはうらはらに、米艦隊はほとんど無傷だった、日本惨敗の台湾沖航空戦の三日目である。

初の夜間撃墜を果たしたヘンリー大尉は、その後三機を朝方に単独撃墜していた。この日は台湾東方の洋上で夕刻の上空哨戒を終えて、帰ろうとしたところで日本機の来攻にぶつかった。F6Fの高度は一五〇〇メートル。ヘンリー機のレーダーに感応があり、ついで距離二一〇〇メートルほどまで近づいて、肉眼で目標は一式陸攻と確認できた。一二・七ミリ機関銃六梃の斉射で陸攻は両翼から火を噴き、海に突っこんで爆破した。

これが空母時間（エニウェトク時間？）の午後六時五十五分。それからの五分間にヘンリーはもう一機、列機のジェイムズ・A・バーネット少尉も一機の一式陸攻を落として、F6F夜戦の威力を実証した。

彼らに襲われたのは、交戦空域から考えて、第七六二航空隊の攻撃第七〇八飛行隊所属機にほぼ間違いない。七六二空は、源田実中佐が考案の全天候攻撃戦力・T部隊の一隊で、その指揮下の攻撃七〇八からは直協隊七機と攻撃隊八機が午後に鹿屋を発進。直協隊の任務は、敵機動部隊を見つけて攻撃隊に最新の情報を伝えることだった。

与那国島上空を起点に、七機の直協隊は南南東方向へ四コースに分かれて敵空母をめざす。一番線は指揮官の茂木茂大尉機一機、二〜四番線は二機ずつで飛んだ。

最も東寄りの茂木機は午後五時二十分に米艦隊を発見し、打電したが、このとき夜戦四機に追われて交戦中だった。ほぼ同じころ、茂木機のすぐ西方を飛ぶ二番線の二機も、夜戦四機に襲われ、まず列機が炎上、爆発。長機は離脱に努めたが右エンジンをやられ、台湾東岸の花蓮港沖に着水して搭乗員は救われた。

一番線の指揮官機と二番線の二機を攻撃した夜戦は、どちらもヘンリー大尉の編隊だったようだ。陸攻搭乗員が敵を四機と確認できたのは、夕暮れの薄明かりがあったからで、この状況で米側が「夜間撃墜」と主張するには、いささか無理がなきにしもあらずだ。

ヘンリー大尉らは一、二番線の計三機を落としたと思いこんだが、指揮官機はたくみに離脱して午後八時四十五分まで米機動部隊に触接を続け、最後の無電を送って姿を消した。茂木機は空母「ワスプ」からの第14戦闘飛行隊のF6F夜戦（-3Nと-5Nの両方を装備。旧・第77夜戦飛行隊機）に食われたもののようだ。

けれども、日本側も一矢を報いた。第41夜戦飛行隊のF6F-5Nのうち、部隊で初めての戦果（朝）をあげたジョージ・W・オベナワー少尉と、九月二十二日の朝に九九艦爆を落としたジョセフ・F・ムーア少尉が帰らなかった。これら二機を返り討ちにした一式陸攻は、直協隊かそれとも攻撃隊だったのかは分からない。

夜が明けるまでに、まだ戦いは続いた。翌十三日の未明、一ヵ月前にヘンリーと協同で部隊初の夜間戦果をあげたバークハイマー少尉が、台湾・高雄の上空で二式飛行艇をたて続けに二機、ロバート・W・クロック少尉が一機を、それぞれ撃墜した。高雄のすぐ南東の東港にいる九〇一空派遣隊の二式大艇が、夜が明けないうちに空中避退に発進したところを、襲われてしまったのだろう。

この一晩の計六機撃墜で、専用空母での夜戦部隊の運用はその価値を確立した。当時、第38任務部隊の九隻の正規空母には、「バンカーヒル」の八機をトップに合わせて四一機のF6F夜戦が搭載されていたが、夜間撃墜はまれにしかない。夜の艦隊防空は「インディペンデンス」とその飛行群にほぼ一任された感があった。

十月下旬以降フィリピンの航空戦が本格化すると、第41夜戦飛行隊はルソン島東岸部からフィリピン各島の上空に侵入し始め、それにつれて戦果も増える。部隊のトップスコア保持者のヘンリー大尉は、二式大艇と百式輸送機に続いて、十一月十九日の未明に二機目の二式大艇を落とし、海軍／海兵隊で初の夜間エースの座についた。

三時間四〇分後、マニラ南方のリパ上空で一式戦闘機「隼」を撃墜、夜戦エース・レースにタッチの差で二着のゴールとなったバークハイマー少尉は、十二月十六日、夜のマニラ上空で突然乗機が爆発し、二十歳の生涯を閉じた。対空砲火が当たったのか、ねらった機に衝突したのか、原因は不明である。

明けて一九四五年（昭和二十年）一月六日、フィリピンの日本空軍力が崩壊する直前に、ルソン島北部のツゲガラオ飛行場上空で、薄暮から夜に移るころ一〇分間に五機の撃墜が報告され、うち三機（二式戦闘機「鍾馗」——四式戦闘機「疾風」の誤認？と一式陸攻、機種不明機）はエメット・R・エドワーズ少尉がたて続けに落としたものだった。このあと「インディペンデンス」は南シナ海へ移り、一月十六日に広東の南西洋上で、ヘンリー大尉が一式戦を撃墜、部隊の戦果をしめくくった。

一九四四年九月から四五年一月までの作戦航海で、第41夜戦飛行隊があげた戦果は撃墜四六機、不確実撃墜三機の計四九機。このうち夜間撃墜に認められたのは、五五パーセントの二七機である。夜の邀撃は昼間のように急な機動をともなわないから、誤認の可能性は比較的少なく、報告の六割以上が事実だろう。

これに対する損失はパイロット一〇名。うち六名とF6F－5N七機を交戦で失った。事故死は三名だけで、昼間作戦をもっぱらにした他の空母に比べて、運用がより難しいのに事故率は小さかった。夜戦専用空母のアイディアは正解だったわけだ。

沖縄での活動

第41夜間軽空母飛行群に代わって、一九四四年八月下旬に編成の第90夜間空母飛行群（CVG(N)－90）が登場した。母艦はより容易な夜間の運用を考えて、甲板の広いベテラン正規空母の「エンタープライズ」が用意され、十二月下旬から作戦航海に入った。機数も増して、第90夜戦飛行隊がF6F－5N一九機、F6F－5E一一機の計三〇機の夜戦のほかに、写真偵察機型のF6F－5Pが二機。コンビを組む第90夜間攻撃飛行隊のTBM－3D「アベンジャー」は二一機にもなり、総計すると第90夜間空母飛行群の装備機数は、前任の第41夜間軽空母飛行群の二倍に達した。「エンタープライズ」はF6F夜戦の開拓者オヘア中佐が、実用実験で戦死したときの空母である。

日本の洋上航空戦力が皆無に近いことから、第38任務部隊（二月から第5艦隊への編入で第58任務部隊に改称）は南シナ海から小笠原諸島、四国沖から九州沖、そして沖縄周辺海域へと、傍若無人に動きまわった。

同行した第90夜戦飛行隊は、一九四五年一月六日に三機、十六日に一機を撃墜したが、い

1944年３月、ウルシー泊地で「エンタープライズ」の飛行甲板に並べられた第90夜戦飛行隊のF6F-5N。遠方の空母は手前から「ヨークタウン」「ホーネット」「ランドルフ」。同隊は海軍夜戦飛行隊で３位の撃墜数を記録する。

ずれも薄暮以前の午後の戦果だった。夜間初撃墜は一月二十一日、ジェイムズ・J・ウッド大尉による台南基地上空での陸上爆撃機「銀河」（同夜の戦果はこの一機だけ）。新竹、台南、高雄など台湾の西岸に機材を分散していた、七六五空・攻撃四〇一飛行隊の所属機だろう。ウッドは一ヵ月後に硫黄島周辺の上空で百式重爆撃機「呑龍」（誤認。飛行第六十戦隊の四式重爆撃機「飛龍」か七五二空の一式陸攻）をスコアに加え、これが部隊にとって硫黄島上陸支援作戦中の唯一の戦果になった。

完全な航空劣勢下の日本軍が、米戦闘機に見つかりにくい薄暮、夜間、黎明を主体に攻撃用機を送り出した戦い――沖縄をめぐる天一号作戦は、第90夜戦飛行隊にとって活動の機会に恵まれるべき期間であり、事実、部隊の戦果の八割を沖縄戦がらみであげている。

沖縄奪取に先だって、第58任務部隊は九州および西日本の陸海軍航空戦力をつぶしにかかった。三月十八日の南九州攻撃時には、前日の深夜に九州南東洋上の「エンタープライズ」から発進し、艦隊の周辺空域を飛んで、夜明けまでの上空警戒を担当した。

戦果の一番手は、午前零時三十分（空母時間。ウルシー時間？）に百式重爆の撃墜を報じたロバート・C・ワッテンバーガー中尉。ただし、百式重爆はこの方面では作戦しておらず、鹿屋から夜間索敵に出た八〇一空・偵察七〇三飛行隊の一式陸攻と推定される。ほかに「銀河」、零式輸送機（？）、零式水偵（空中避退の機か？）、それにウェスリー・R・ウィリアムズ中尉が延々と追いかけて、やっと海中に突っこませた機種不明機の撃墜が報じられた。

目標が阪神、中国地方にまで広がった翌十九日、第90夜戦飛行隊は未明に北九州まで侵入し、一式陸攻二機撃墜（うち一機不確実）を記録。この陸攻がどこの部隊のものかは、ちょっとしぼりきれない。

第58任務部隊の正規空母にはこのときも、各戦闘飛行隊に所属する四〜六機のF6F－5Nまたは－5E夜戦が積まれていて、そのうちただ一隊、「ホーネット」の第17戦闘飛行隊の四機が十八日、未明（というより払暁だが）の五時十分から一〇分間ほどで六機を撃墜した。空域は鹿屋〜志布志あたり、「天山」二機、「彩雲」偵察機、百式司偵、百式輸送機、不明の四発機各一機の内訳で、四名全員が戦果をあげたという。このうち「彩雲」は、午前五時すぎに鹿屋を離陸した七六二空・偵察一一飛行隊機（一〇機出て未帰還一機）が該当する。「天山」部隊はこの地区には七〇一空・攻撃二五一飛行隊しかないが、在空の時刻が嚙み合わない。「不明の四発機」は二式飛行艇か。

四月に入って、日本海軍の菊水作戦発動とともに航空戦が本格化したのに、待機空域が適当でないのか、第90夜戦飛行隊の夜間撃墜はポツリポツリという程度。五月十二日には先手を取って鹿児島に侵入し、実に八機撃墜が報じられたけれども、午前四時十分に落とした最初の一機（三式戦「飛燕」）以外は、夜明け後なので昼間戦果に含まれる。

五月十四日に零戦特攻機に突入されて「エンタープライズ」が損傷し、そのため作戦航海を終えた第90夜戦飛行隊の合計撃墜戦果は、確実三一機と不確実二機。損失のF６F一四機中で日本軍との交戦がらみは五機で、うち一機は日本機に撃墜された。

相棒の第90夜間攻撃飛行隊のTBM「アベンジャー」も、三月に三機、四月に一機、五月に二機（うち一機は不確実）の夜間および昼間撃墜を記録している。抵抗力の弱い二式大艇や零式輸送機は分かるとして、五月十三日の不確実撃墜は早朝の種子島南方で局地戦闘機「紫電」に煙を吐かせたというのだから、にわかに信じがたい。もちろん、日本側の記録に該当する機はない。

F６F夜戦の五月の行動でいちばん目立ったのは、「ヨークタウン」の第９戦闘飛行隊に組みこまれた小隊のジョン・オース少尉だろう。五月四日の未明、奄美大島周辺を飛びまわり、七〇分間に一式陸攻三機を撃墜。空域は一機目が奄美南東一〇〇キロ、二機目が奄美南方五〇キロ、三機目が徳之島北方一〇キロ（同島と奄美のあいだ）である。

空母群に来攻する日本機を孤軍奮闘で防いだと評価され、オース少尉は海軍十字勲章《ネイビー・クロス》を授与された。四月のうちに「月光」二機と一式陸攻一機の夜間撃墜を報じていたため、これで計六機、海軍／海兵隊で第二位の夜間エースになった。

南西諸島にそって作戦航行中の米艦隊から見れば、一式陸攻が空母をねらって飛来したと思えるが、菊水五号作戦を始めるこのとき、日本側（海軍の第五航空艦隊と陸軍の第六航空軍）は米空母の正確な位置を知らなかった。オース少尉が出会った陸攻は、九五一空（本来は対潜水艦作戦用）ほかの七機で、午前零時五十分から一時間のあいだに鹿児島県出水《いずみ》を離陸、沖縄の北飛行場爆撃が任務だった。未帰還は二機。時間も合い、同じ時刻にほかに日本機を落とした米軍機は見当たらず、未帰還の陸攻が航法ミスか故障が原因でないかぎり、オース機に食われたと判断できる。戦果報告が一機多いのは、逃げきられたのが分からなかったためだ。

硫黄島の上陸作戦が三月初めに終わったあと、夜間邀撃能力の全般的な向上をめざして、第90夜戦飛行隊から一四名のパイロットが、一時的に他の空母へ出向した。彼らのうち、最も優れた戦績を残したのがケネス・D・スミス大尉である。

二月二十四日の夜、小笠原・父島で百式重爆（七五二空の一式陸攻の誤認）を落として初戦果をあげたのち、空母「ベニントン」の第82戦闘飛行隊へ出向する。四月一日の夜に沖縄上空で「天山」を撃墜し、六日後の未明には双発機を徳之島の北で葬ったほか、単発機を撃破。ここで、ふたたび古巣の第90夜戦飛行隊にもどり、四月十一日の夜に沖縄北端上空で一式陸攻、五月十二日は早朝に都井《とい》岬の南方で三式戦闘機「飛燕」を落としたと申告した。

これでスミス大尉の合計戦果は、夜間の四機撃墜と一機撃破、昼間の一機撃墜で、惜しくも海軍で四人、海兵隊で一人しかいない夜間エースになりそこねた。だが、実際には五機撃墜のエースの資格も、厳密には与えられない。二機目の夜間撃墜の「天山」は、串良基地を発進の六機のうちのどれかに間違いないが、うち二機が米夜戦に追われたと報告しただけで、落とされた機はゼロだったからだ。

こんな調子でしぼっていけば、世界各国の「エース」の過半がその資格なしになりかねない。もちろん、その国の公式機関が本人の五機以上撃墜の申告を認めれば、真実がどうであろうとエースなのだが。

傷ついて下がった「エンタープライズ」に代わって、六月八日から作戦航海に入ったのが正規空母「ボノム・リチャード」と、前年十月に新編の第91夜間空母飛行群である。

五月下旬に第3艦隊に編入されて、第58から第38任務部隊にまた番号がもどった米機動部隊は、沖縄戦を終えたのち日本内地をめざし、七月十日の東京空襲を手はじめに、本州と北海道の沿岸部に航空攻撃と艦砲射撃を加えた。もう、ろくに戦力が残っていない日本航空部隊は、これ以上は引けない最終戦・本土決戦に備えて温存策をとり、反撃を手びかえていた。だが、七月二十日に海軍は、勝てそうな場合には「少数精鋭ナル戦力」で攻撃するよう方針を変更した。

　第91夜間空母飛行群は、これまでの第41および第90夜間空母飛行群と同様に、F6F－5N三六機とF6F－5P一機、TMB－3E一八機の二個飛行隊編制を採用。F6Fの第91夜戦飛行隊は七月二十五日の夕方、豊後水道上空で九三式中間練習機を二機落として初戦果をあげた。猛牛「ヘルキャット」が羽布張り複葉の赤トンボを襲うシーンは、アメリカと日本の戦力差そのものであった。

　同じ二十五日、「彩雲」などの索敵で、米機動部隊が紀伊半島沖にいると知った日本海軍は、一矢を報いようと反撃に転じた。その中心戦力が、二手に分かれて千葉県木更津基地を発進した、七五二空・攻撃第五飛行隊の新鋭艦攻「流星改」合計一五機。夜が近い薄暮、敵艦に迫った「流星改」第一陣の雷装九機のうち、指揮官の森正一大尉を含め四機が帰らず、うち一機が第91夜戦飛行隊のロバート・M・クローズ中尉機に落とされたと推定できる。

　なお、残る「流星改」三機は、同数の撃墜を報告した英第1884飛行隊（英空母「フォーミダブル」に搭載）の「ヘルキャット」Ⅱ型に食われたようだ。この英艦戦はF6F－5と同型で、レーダーはないが、夜間空戦の訓練を受けていた。なんとか目視が利く時間帯ゆえに、捕捉できたのではなかろうか。

八月九日には茨城県の百里原基地から、六〇一空・攻撃第一飛行隊の空冷「彗星」一二機が、空母に対しては特攻攻撃、その他の艦種へは通常攻撃を命じられて出動した。薄暮の宮城沖を飛ぶF6F－5Nはこれを邀撃、うち二機の撃墜を報じた。未帰還の「彗星」は七機で、第四御盾隊として特攻戦死に定められている。

第91夜戦飛行隊の戦果の半分以上は、終戦二日前の八月十三日に記録された。午後五時四十分に、上空哨戒のためF6F夜戦二機が発艦した。やがて高度一四〇〇メートルを飛ぶ二式複座戦闘機「屠龍」二機を発見し、攻撃にかかる。

午後六時半から七時すぎまでの四〇分間に、九十九里沖で二式複戦三機、「銀河」三機（うち一機不確実）を撃墜。最初の二式複戦を撃墜時に長機の機関銃が故障したため、残りはすべてフィリップ・T・マクドナルド少尉の手柄になった。もし不確実の一機が確実撃墜なら、彼は唯一の「一夜で夜間エース」の座を射止めるところだった。

二式複戦は「月光」の誤認だ。神奈川県厚木基地の三〇二空が、B－29邀撃戦力を急遽《きゆうきよ》、爆装の対艦攻撃に切りかえて、午後五時すぎから「銀河」夜戦六機、「月光」八機、「彗星」夜戦七機を出撃させた。爆撃機や双発戦闘機に斜め銃を付けただけのインスタント夜戦と、強力な艦戦に高性能レーダーを積んだF6F－5Nとでは、勝負になるはずがない。

護衛空母で使ってみれば

以上、述べてきた「インディペンデンス」「エンタープライズ」「ボノム・リチャード」のほかに、もう二隻の空母が夜間飛行群用にあてられ、実戦の航海に出た。

一隻は現役最古参の正規空母「サラトガ」。搭載の第53夜間空母飛行群（F6F－5Nの第53夜戦飛行隊とTBM－3Dの第53夜間攻撃飛行隊）は一九四五年一月早々に編成され、硫黄島上陸作戦の二月十七日から行動を始めたが、戦果をあげないうちに二十一日に特攻機の体当たりを受け、戦列を離れた。

もう一隻は護衛空母の「クラ・ガルフ」と、一九四五年一月二十日付で新編の第63夜間護衛空母飛行群〔CVEG（N）－63〕のコンビ。F6F－5NとTBMの二個飛行隊編制は変わらないが、搭載機数は合計で二〇機程度だったと思われる。カタパルトを使う発艦はいいとして、パイロットの着艦技量と甲板作業員の手ぎわが、ハイレベルに求められたに違いない。飛行甲板の長さが「エンタープライズ」の二四四メートル、「インディペンデンス」の一六八メートルに比べ、一五三メートルしかないからだ（幅には大差がない）。

護衛空母「サンガモン」の飛行甲板に置かれた第33戦闘飛行隊のF6F-5E。右翼下に装着のAPS-4の白いポッドが見える。

夜戦専門の護衛空母の戦闘状況は興味深いが、その機会がなく、ついに分からないままで終わった。作戦航海に出たのが八月に入ってからだから、当然だろう。

ただし、ある程度の類似例なら引用できる。

第58任務部隊の護衛空母群の一隻「サンガモン」に搭載され、二月中旬から実戦航海に出た第33護衛空母飛行群（CVEG－33）は、一八機のF6F－5に－5Nと－5Eを計八機加え、さらにAPS－4レーダー装備のTBM－3E六機を付属させた、第33戦闘飛行隊が戦力だった。一九四五年春の護衛空母の搭載機は、FM－2戦闘機（F4F「ワイルドキャット」の性能向上型）とTBM攻撃機を十数機ずつ積んで、両方で混成飛行隊になるのがふつうだから、例外的処置と言える。

三月二十六日の払暁時に、ロラン・W・フロック中尉が九九艦爆を落として以後、計一七機撃墜（うち一機不確実）を四月末までに記録する。このうち過半数の九機は四月二十二日、宮古島上空で特攻機の出撃を掩護する飛行第二十戦隊の一式戦一二機と、夕刻の空戦を行なった結果（二十戦隊の実際の損失は伊藤清中尉、秋山敏春軍曹ら四機）で、使用機は昼間用のF6F－5だ。だが、明らかにF6F－5Nによる夜間撃墜が、二式複戦、零戦（不確実）、三式戦と少なくとも三機はあり、いちおうの成果を得ていたと知れる。

このまま作戦を続ければ、昼夜両用のユニークな部隊の存在価値が、はっきり分かる可能性もあったが、五月四日に特攻機の体当たりを受けて戦列を離れた。この「サンガモン」のケースから推測すれば「クラ・ガルフ」もそれなりに有効だったのではなかろうか。

海兵隊機は陸上基地で

米海兵隊は「海軍の中の陸軍」的な存在である。したがって、海兵隊の航空もその性格上、陸上基地からの作戦が主体だから、空母主体の海軍よりは使用機材に幅があった。海軍のF4U－2に遅れること二週間たらず、一九四三年十一月十三日にソロモン諸島ブーゲンビル島沖での月明かりによる初撃墜も、さらに三週間後にレーダーで撃墜したのも、双発哨戒爆撃機のロッキード・ベガPV－1を改造した大型夜間戦闘機だった。

イギリス渡りのAI・Ⅳ型を付けた双発夜戦と地上のSCR－527A警戒レーダーのチームによるGCI（地上邀撃管制）方式は、陸軍航空軍のシステムを思わせる。PV－1改造夜戦装備の第531海兵夜戦飛行隊（VMF（N）－531）は、一九四四年五月までの半年間、ソロモンで一二機の撃墜を記録（全部夜間。ほとんどが零式水偵と一式陸攻）し、パイオニアの役割を果たした。

第531から四ヵ月半あとの、一九四三年四月に編成された第532海兵夜戦飛行隊は、「コルセア」の夜戦型F4U－2を装備。カロリン諸島東端部、艦隊泊地が設けられたエニウェトク環礁に進出して、一九四四年四月十四日の未明に地上レーダーの誘導のもと、ただ一回の戦闘を行ない、一式陸攻三機の夜間撃墜（うち一機不確実。実際はトラック出撃の七五五空の二

ソロモン航空戦が終末期を迎えた1944年１月、ブーゲンビル島タロキナの飛行場における第531海兵夜戦飛行隊のPV－1「ベンチュラ」夜戦。機首に12.7ミリ機関銃６梃を装備する。

機が被墜）を記録した。引き替えに、地上からの方位指示のミスと陸攻の反撃によって、二機とパイロット一名を失った同飛行隊は、その後マリアナ諸島に移動し、交戦の機会なく本国へ向かう。

太平洋戦争中に海兵隊の夜間戦闘機として、実戦に用いられたＰＶ－１とＦ４Ｕは一個飛行隊ずつしかない。残りの夜戦部隊はすべて「ヘルキャット」装備だった。原則的に海兵隊の機材は、海軍と共通になるからだ。

第532の新編から半年たった一九四三年十月一日、第533および第534海兵夜戦飛行隊が編成された。両飛行隊の装備機はＦ６Ｆ－３Ｎで、第533は一九四四年六月にマーシャル諸島、第534は八月にグアム島に進出したけれども、すでに空戦の機会は去っていた。

個人ばかりでなく、部隊にも武運はついてまわる。対照的に強運だったのが、Ｆ６Ｆ夜戦の三番目の部隊、一九四四年二月なかばに編成の第541海兵夜戦飛行隊だ。同飛行隊は八月下旬、ソロモンをさらに南東へ下ったエスピリッサント島に到着。そのＦ６Ｆ－５Ｎがラバウルの北北西にあるエミラウ島から、日本軍の玉砕で知ら

一式陸上攻撃機の残骸が放置されたグアム島オロテ飛行場で1944年８月上旬に撮影された第534海兵夜戦飛行隊のF6F-3N。胴体の下に容量570リットルの落下タンクを装備している。

れるパラオ諸島ペリリュー島へ飛んだのが、九月下旬だった。

十月末日の夜七時四十五分、ノーマン・L・ミッチェル少佐がペリリュー付近の上空で零式水偵を落として、海軍に遅れること八ヵ月、海兵隊のＦ６Ｆ夜戦の初戦果をあげた。以後一ヵ月間は空戦がなく、この撃墜が第541海兵夜戦飛行隊にとってパラオ方面での唯一のものになった。

中部太平洋から内《うち》南洋にかけての日本の航空戦力は、このころ皆無に近い状態だった。当時の最も熱い交戦地域は、フィリピンのレイテ島周辺である。

レイテ島に上陸した米陸軍は飛行場の整備と飛行機の展開を進め、これを日本機が夜間空襲でつぶしにくる状況が続いた。レイテのタクロバン飛行場には、第５航空軍第421夜戦飛行隊のノースロップＰ－61夜戦がいて、装備するＳＣＲ－720レーダーで日本機の捕捉・撃墜を試みた。ところが、双発で図体の大きなＰ－61にとって、爆装の一式戦（在地機破壊用の親子爆弾・タ弾を付けた四式戦「疾風」と思われる）はつかまえがたい。そこで太平洋戦線の陸軍の

エスピリツサント島からエミラウ島をめざして第541海兵夜戦飛行隊のF6F-5Nが離陸に向かう。ついでペリリュー島をへてレイテ島で戦った。

トップ、ダグラス・マッカーサー大将はじきじきに、ほど遠からぬペリリュー島の第541海兵夜戦飛行隊に、来てもらいたいと要請した。

撃墜が一機だけで、夜間哨戒飛行や夜間爆撃に従事していた第541海兵夜戦飛行隊は、十二月三日にF6F-5N一二機でタクロバンに進出。陸軍の地上レーダーとの連係不足を感じつつ、黎明と薄暮の前後を中心に哨戒する方針を決めた。レイテ南方のスリガオ海峡に二機、レイテ西方のオルモック湾の上空に四機を配置するのが、基本パターンである。

到着から二日後の十二月五日未明、レイテ島の南を哨戒するF6F-5N四機のうち、ロドニー・E・モントゴメリー少尉は一式戦を捕らえて撃墜し、フィリピンでの初戦果を飾った。

ついで七日の午前一時四十五分、オルモック湾の上空でジョン・W・アンドア軍曹が、一〇六〇発の弾丸を放って二式複戦あるいは九九式双軽爆撃機（両機はアングルによっては同一に近いほど似ている）を撃墜。これは第541海兵夜戦飛行隊がレイテにいるあいだに、地上レーダーの誘導を受けて落とした三機のうちの一機だった。払暁時には、ハーリン・J・モリスン大尉が九九双軽をもう一機屠《ほふ》った。

アンドア軍曹は十二月十二日に、早朝のレイテ沖で零戦を落とし、クリスマス・イブの夜にはルソン島上空で「雷電」二機を夜間撃墜したと報じた。これでスコアを四機とし、部隊のトップに立った軍曹は、合計で四機しかない夜間撃墜の三機までを占めた。

だが、ボルネオのバリクパパンからマニラ近郊に派遣の三八一空の「雷電」は、十二月の初めに帰ったからフィリピンにはいない（仮に機材があっても操縦できる者がほとんどいない）し、そもそもこの機が夜飛ぶことはまずありえない。アンドアの誤認した機はなんだったのか。

在フィリピンまる二ヵ月のあいだに、タクロバンの第541海兵夜戦飛行隊があげた撃墜戦果は二四機（うち不確実一機）。交戦時刻は、夜間の四機を除いて、朝に集中し、全戦果の半分に近い一一機を、レイテ作戦終末期の十二月十二日に記録した。フィリピン上空で戦った唯一の海軍／海兵隊の夜間戦闘機部隊として、役割を終えた第541海兵夜戦飛行隊は、一九四五年一月中旬ペリリュー島にもどり、以後は空戦の機会を得なかった。

沖縄戦が始まる一九四五年三月よりも前に、ほかに撃墜を記録したF６F夜戦部隊は第534

海兵夜戦飛行隊である。既述のように、マリアナの航空戦が終わった一九四四年八月上旬にグアム島に進出したため、活躍の機会は去っていた。だがただ一回、翌四五年の二月二日の朝遅く、サイパン島の北東二〇〇キロでベレット・E・ルーチェ中尉のF6F－3Nが、「彩雲」偵察機を捕らえて撃墜した。

「彩雲」はサイパンのB－29基地の状況を偵察すべく木更津基地を発進した、七五二空の偵察第三飛行隊か第一〇二飛行隊の所属機の可能性があるが、該当する搭乗員が見当たらない。終戦までマリアナ諸島とエニウェトク島に留まった第534海兵夜戦飛行隊の空中の戦果は、この一機だけだった。

海兵隊夜戦の決戦場

F6F装備の海兵夜戦飛行隊の活動が最もさかんだったのが、一九四五年四月からの沖縄航空戦である。この戦いには、F6F夜戦の最初の部隊・第533、四番目の第542（一九四四年三月新編）、五番目の第543（同四月新編）の三個海兵夜戦飛行隊が参加し、総計七〇機撃墜（うち不確実二機）の戦果をあげる。

裏を返せば、九州と台湾という格好の〝不沈空母〟を持ちながら、通常攻撃はもとより特攻ですら、闇にまぎれねば行ないがたい日本航空兵力の、力量の低さを示した結果だった。

すぐさま敵前に拠点を築くのが、海兵隊航空の信条だ。米地上軍が四月一日に沖縄に上陸すると、翌日には連絡機が降り、四月七日には読谷《よみたん》飛行場（日本軍の呼称は北飛行場）に第542海兵夜戦飛行隊、九日には嘉手納《かでな》飛行場（同じく中《なか》飛行場）に第543海兵夜戦飛行隊が、運んできた護衛空母から飛び立って、進出する早わざを見せた。両夜戦飛行隊はそれぞれ昼間戦闘機の三個飛行隊と組んで、第542は第31海兵飛行群（MAG－31）、第543は第33海兵飛行群を構成した。

沖縄要図

北飛行場と中飛行場を海兵隊がすぐに使えたのは、沖縄守備の第三十二軍が戦力の少なさから飛行場を放棄し、島内南部での持久戦を採ったためだ。この戦法に是と非の両論があるが、沖縄戦の本格スタートとともに制空権を米軍に取られ、日本側の航空戦がいきなり不利になったのは否めない。

両飛行場に展開したF6F－5Nは一五機ずつ。進出戦力が整うまでのあいだ手不足から、昼間の上空哨戒と夜間の地上攻撃を二機一組で、夜間の上空哨戒を単機で、それぞれ行なう、フル稼働の方針が立てられた。

F6F夜戦の沖縄での初戦果は、第543海兵夜戦飛行隊がつかんだ。四月十五日、嘉手納飛行場の上空を哨戒中のジェイムズ・A・イサリッジ大尉が、飛行場を攻撃にかかる日本機を午後六時五十五分に海岸に撃墜。「四式戦《フランク》」と申告された相手は、夕刻に宮崎県都城を出撃し、北飛行場と中飛行場に決死の銃撃、夕弾攻撃をかけた飛行第百一戦隊機と推定できる。味方の対空銃撃に射抜かれたイサリッジ機の六個の穴が、彼の奮戦と激烈な防御火網の証明だった。

翌十六日、読谷の第542海兵夜戦飛行隊のアーサー・J・アーセニークス少尉とウィリアム・W・キャンベル少尉が、読谷北西の残波《ざんぱ》岬の沖でそれぞれ四式戦と零戦を落とした。時間は午後六時四十五分。零戦は第五航空艦隊の出撃に該当がなく、明らかに二機とも四式戦である。昨夜に続いて第百飛行団（百一戦隊を含む）の挺進戦闘隊が、北と中飛行場に夜間銃爆撃を加え、一一機中八機が帰らなかった。その突入時間が午後六時四十分すぎ（米軍も沖縄時間を使ったから日本との時差はない）で、ピタリと一致する。

四月十七日の夜、第543海兵夜戦飛行隊のチャールズ・E・イングマン少尉が、那覇沖で九七式重爆撃機（八〇一空の九六陸攻？）を撃墜したとき、あまりに低空だったためプロペラが海面を叩き、エンジンが止まった。少尉は余力で一五メートルまで高度をかせいで、風防を開位置にロックし、フラップを下げて不時着水。四時間後の翌日未明に、味方の艦艇に救われた。

それから四〜五時間たった十八日の早朝、読谷と嘉手納から離陸した両夜戦飛行隊のＦ６Ｆ－５Ｎが、空中で衝突し、パイロットは二名とも死亡した。両飛行場間は五〜六キロしかなく、視界の悪い薄暮から黎明までの時間は、狭い空域で衝突する可能性が十分にあった。バックに大工業力があり、本国からの輸送をさえぎる敵はないから、機材の補充はさして困難ではない。埋めるのが難しいのはパイロットである。

実戦経験者と未経験者をまぜこんで、十数名ずつの補充要員教育をフロリダ州ベロビーチで実施していた。六週間の教育は、まずリンク・トレーナーから始まり、ノースアメリカンＳＮＪ（Ｔ－６「テキサン」練習機）、Ｆ６Ｆと移っていく。この課程のどれもが、大半の時間を計器飛行に割《さ》いてあった。一九四四年に入ってからの海兵隊戦闘機乗りは、たいていＦ４Ｕを経験しているため、ずっとやさしいＦ６Ｆで飛ぶのになんの苦労もなかった。

ただし、二五〇時間のうち二〇〇時間が計器飛行となると話は別で、適性と努力が不可欠だった。昼のパイロットよりも戦闘行動は地味だが、一人前の夜戦搭乗員は、レベルの高いエリート教育をくぐり抜けた者だけが達しうる地位なのだ。

沖縄の読谷(北)飛行場は日本機の対地攻撃の第一目標になった。6月上旬の画像で、沖に多数の米艦船が停泊している。

四月末までの合計撃墜数は、第542海兵夜戦飛行隊の六機に比べ、第543は二機でしかない（どちらも全部が夜間）。これは、日本軍の攻撃目標が多くの場合「北、中飛行場」にまとめられて、どちらへ向かってもよく、近いほうの北飛行場がねらわれがちになるため、上空での交戦の機会が多いからだろう。五月の合計が両隊とも六機ずつなのは、哨戒空域を互いに広めて第543にも捕捉の機会を増やしたからではなかろうか。この時期の日本海軍は北と中のうち、北飛行場へ攻撃重点を移している。

菊水六号作戦（陸軍では第七次航空総攻撃）の五月十一日、未明の北、中飛行場を攻撃して露払いを務めたのが、特攻を受け入れず正攻法の夜襲をつらぬく、海軍芙蓉《ふよう》部隊（「彗星」と零戦からなる三個夜間戦闘飛行隊）の「彗星」夜戦である。鹿児島県鹿屋基地を離陸した一〇機のうち、天候不良と故障とで進撃断念の機があいつぎ、投弾できたのは三機だけだった。

中森輝雄上飛曹・操縦、加藤昇中尉・偵察の「彗星」が攻撃を終え、与論島の北を帰還中、曳跟弾《えいこん》が走り、水平尾翼に被弾した。すぐに雲中に突入し、ややたって雲の上に出ると左手方向にF6F二機を目撃。ふたたび雲に入り、うまく逃げきって鹿屋へ向かった。

このF6Fのうち一機が、第543海兵夜戦飛行隊のエドガー・F・ゴーデット少尉機。「侵入機はポイント・ボロ（残波岬）の北東六〇マイル（約一〇〇キロ）」の指示を地上レーダーから受けたゴーデット少尉は、AN／APS－6レーダーで四〇〇メートルまで近づいて機影を視認した。「彗星」夜戦を三式戦「飛燕」と判断し、後下方から迫って「一撃で爆発させ、エンジンがちぎれとんだ」旨を報告した。

夜間撃墜トップの部隊

もう日本機が来なくなった、中部太平洋のエニウェトク環礁で一年間の道草を食っていた、海兵隊で最初のF6F夜戦部隊・第533海兵夜戦飛行隊が、第22海兵飛行群の一部隊になって、読谷飛行場に移ってきたのは五月十日（十四日ともいう）。部隊の地上組織のほうは、その一〇日後に本部《もとぶ》半島北西の伊江島に到着した。

第533海兵夜戦飛行隊の初撃墜は五月十六日の未明、ロバート・M・ブラナム中尉が沖縄西方の久米島付近で、一式陸攻を相手に記録した。だがブラナムは次の晩、対空火器の味方撃ちを避ける警告を振りきり、伊江島に迫る二機の日本機を追って危険空域に突入。二十三歳の生涯を閉じ、ふたたび帰らなかった。ついでながら、第311海兵戦闘飛行隊にいた一歳下の彼の弟も三週間後、Ｆ４Ｕで九州を攻撃しての帰途、エンジンが故障し海中に墜死する。

五月十八日の午後十時すぎから二時間近くのあいだ、ロバート・Ｅ・ウェルウッドとエドワード・Ｎ・ルフェイバーの二人の中尉が、大活躍を見せた。地上レーダーの指示を受けて日本機をめざし、自機のレーダーで接近、月明かりで視認後に射撃するパターンで、ウェルウッドは一式陸攻を三機落とし、ルフェイバーは零戦三二型と一式陸攻を一機ずつ撃墜した。一二・七ミリ弾わずか五一七発の消費で、夜戦パイロットとしては最大級の戦果をあげたウェルウッド機は、味方の地上火器により一八個の穴をあけられ、無線機が被弾で壊れていたという。

おもしろいことに、これだけの奮戦を見せた二人は、以後はまったく戦果を報じていない。そして、日本側の出撃状況をいろいろ調べてみても、海軍と陸軍のどちらにも、彼らの報告に該当する機が存在しないのだ。

前年の十一月に日本陸軍は、サイパン島のＢ－29を破壊する目的で、乗機もろとも米軍飛行場にすべり込む決死隊、義烈空挺隊を編成した。戦況の変化により、その攻撃目標はサイパンから硫黄島へ、そして沖縄へと変わった。戦力は九七重爆一二機に分乗する約一七〇名。主目標を北（読谷）飛行場、第二目標を中（嘉手納）飛行場に定め、五月二十四日の午後六時四十分に熊本・健軍飛行場を離陸した。出撃機のうち一機は出遅れ、四機が途中でもどって、北飛行場に五機、中飛行場に二機が強行着陸したものと判断された。

しかし、読谷（北）飛行場にまともに胴体着陸できたのは、一機だけだった。乗っていた一四名のうち、何名が活動できたかは分からないけれども、身を捨てた彼らのすさまじい奮闘によって、F4U三機、PB4Y四発哨戒爆撃機二機、輸送機四機が破壊され、戦闘機を主体に二九機が破損、燃料二六万五〇〇〇リットル（落下式増槽付きF6Fの搭載燃料一七五機分）が炎上した。

義烈空挺隊を乗せた第３独立飛行隊所属の九七式二型重爆撃機の尾部。胴体着陸がかなわなかった無念さが痛感される。

　義烈空挺隊を乗せた第三独立飛行隊の九七重爆は、当然レーダーに引っかかったはずだ。空挺隊が目標付近の空域に入った午後十時ごろの、F6F夜戦の撃墜報告を見ると、第533海兵夜戦飛行隊が「一式陸攻」を三機、「九七重爆」を一機落としている。空域もほぼ該当する。このうち、アルバート・F・デラマノ中尉の戦果の「九七重爆一機」は、空挺隊の搭乗機にまず間違いない。

　空挺隊の突入に協力すべく、飛行第六十戦隊と百十戦隊の四式重爆「飛龍」が飛行場爆撃を実施し、計五機が未帰還になった。四式重爆は同じ三菱製の一式陸攻を細くしたようなスタイルで、夜目には似ている。この時刻に一式陸攻が沖縄上空へは行っていないことから、「一式陸攻三機」は、四式重爆の誤認と考えられる。

五月に一五機（ほかに一機不確実または撃破）、六月にも一五機、七月に五機と、計三五機に及ぶ第533海兵夜戦飛行隊の夜間撃墜数は、中国、ビルマを含む太平洋戦線の全米軍の中で、飛行隊単位としては最高である。一ヵ月前から沖縄に展開していた第542海兵夜戦飛行隊が一七機（ほかに昼間に一機）、第543が一五機（ほかに不確実一機）で、両飛行隊を足しても第533の戦果に届かない。

その理由の一つは、第533海兵夜戦飛行隊の飛行場がまず読谷に、ついで六月十五日から伊江島に置かれたこと。日本軍の出撃飛行場が集中する南九州から、少しでも近い飛行場がより狙われやすく、それだけ交戦の機会が多かった。

もう一つは機器材の独自改修だ。

Ｆ６Ｆ‐５Ｎはふつうの光像式のＭ２ＡＮ射撃照準器に換えて、イギリスのⅡＤ型照準器をベースにした８型照準器を導入した。この新型照準器はジャイロ計測式で、名人芸とされていた見越し射撃を誰でも行なえる画期的な仕組みだった。ところが夜に使うと、フィルターに映る敵機の主翼幅を示した六個の輝点がまぶしすぎて、パイロットの視力を奪ってしまう。そこで飛行隊では、輝点を中心点だけにし、それを囲む六個を映らなくしてしまった。

これでパイロットの目がくらまず、ずっと日本機を追いやすくなったという。

昼戦型と夜戦型を合わせて沖縄のF6Fは、撃墜一機につき平均五六七発の弾丸を使った。第533海兵飛行隊に限ると、それが四二〇発にすぎなかったのが、いくらかなりとも照準器改修効果の傍証になろうか。

また、沖縄戦が終盤に入った一九四五年晩春から初夏のころ、各翼内側の一二・七ミリ機関銃を二〇ミリM2機関砲に換装した、武装強化型のF6F－5Nが配備された。射撃時の火炎は当然二〇ミリのほうが激しく、パイロットを眩惑させるため、部隊ではせっかくの機関砲二門も積極的に取りはずしてしまった。数字の上では有効でも、戦闘の根幹のパイロットに悪影響を及ぼすのなら、ないほうがましとの実戦に則した判断である。

展開空域の有利さと実戦則応の処置が、多くの戦果を第533海兵夜戦飛行隊にもたらし、そして海兵隊でただ一人のF6F夜間エース、海軍のウィリアム・E・ヘンリー大尉につぐ第二位のスコア保持者を生んだ。

ロバート・ベイアード大尉の初戦果は、六月九日の夜に落とした「零式水偵」。実際は、同じ双フロートで、もう少し高性能の水上爆撃機「瑞雲」で、奄美大島古仁屋《こにや》から沖縄攻撃に向かった、第六三四航空隊・偵察第三〇二飛行隊の機だった。

伊江島への引っ越しの翌十六日、午前三時半をまわったころ、三〇〇〇メートルの高度で哨戒中のベイアードは地上の管制官から、伊江島付近の上空、高度七〇〇〇メートルに敵機ありの連絡を受けた。APS－6レーダーで八〇〇メートルまで接近。一式陸攻は投弾のための等速同高度直線飛行に移った。対空射撃空域に入るから旋回し離脱せよ、と伝えてくる管制官に、確実に捕捉したから、と追尾続行の許可を願い、九〇メートルまで迫って斉射。F6F－5Nの機関銃六梃の半分は故障していたが、胴体に被弾した陸攻は落ちていった。

それから一時間ほど飛んで、残波岬の西方に九六陸攻を追い、午前五時一分に撃墜。このときは弾丸が出たのは二梃だけだった。

これら二機の陸攻は、台湾側から沖縄の米軍を攻撃した第一航空艦隊の麾下《きか》部隊、七六五空・攻撃第七〇二飛行隊の所属機だ。四機が飛行場攻撃に向かい、もどれなかった三機のうち二機は、ベイアード大尉機に食われていた。

四機目の夜間撃墜は、六月二十二日の午前零時四十五分に仕留めた、七六二空の「銀河」だ。ベイアードを海兵隊唯一の夜間エースにした五機目は、それから五〇分後に落ちた一式陸攻。最後の六機目は、試験的に二〇ミリ機関砲を再装着して、七月十四日未明に残波岬の北西八五キロで撃墜した一式陸攻で、台湾・新竹から伊江島の飛行場攻撃に向かった、七六五空・攻撃七〇二の海部荘三郎中尉機が合致する。

第533海兵夜戦飛行隊は部隊長マリオン〝マック〟マグルーダー少佐（途中で中佐に進級）の名をとって、「黒いマックの殺し屋たち《ブラック・マックス・キラーズ》」と呼ばれた。そのとおりの功績を残したと言えるだろう。

誘導、そして接敵

読谷飛行場にいた第542海兵夜戦飛行隊の撃墜機のうち、機種不明のケースが二例ある。どちらも、撃墜したパイロットが帰ってこず、詳報を得られなかったためだ。

第一のケースは五月十六日、奄美大島の東の喜界島付近で、夜の十一時すぎに撃墜を報じたのち、地上レーダーのスコープから消えたウィリアム・W・キャンベル少尉。一ヵ月前に四式戦を落とし、部隊に初戦果をもたらしたパイロットである。この夜は日本側の夜戦は飛んでいないから、狙った機の射弾に落とされたのか、撃墜機の爆発に巻きこまれたか、あるいは乗機にひどいトラブルが生じて墜落したかのいずれかだろう。

もう一つは、六月十日に部隊唯一の昼間撃墜を報じたフレッド・ヒリアード中尉機。午後二時二十分に戦果を通報ののち、もう一機を見つけたと知らせたまま、消息を絶った。このケースも原因は分からずじまい。日本機の後部銃座に撃たれたのだろう、が隊員たちのもっぱらのうわさだった。部隊の空戦による戦死者は、第一例のキャンベル少尉と彼の二名だけである。

ロケット弾と爆弾を抱いて対地攻撃もこなした第542海兵夜戦飛行隊では、五月二十三日付で飛行隊長がウィリアム・C・ケラム少佐から、この職では最若年の満二十四歳のロバート・B・ポーター少佐に代わった。ポーターは二年前、ソロモン戦線でF4Uに乗り、零戦を四機撃墜（うち不確実一機）、一機撃破。その後、夜戦飛行隊の指揮官要員としてベロビーチで訓練を受けた。

少佐になると大半が地上勤務にまわる日本海軍とは違って、米軍は少佐の飛行隊長はもとより、中佐、大佐の群司令でも機会があれば積極的に出撃する。六月十五日の夜間哨戒を受け持ったポーター少佐には、いささかの期待があった。午後八時からの哨戒は、日本機に出くわす可能性がいちばん大きいからだ。

機付長《きづき》の「幸運を、少佐！《グッドラック・メジャー》」の大声をエンジン音といっしょに聞いて発進。洋上に出て試射を行なう。黒に近い濃紺色の乗機は、まだ数少ない二〇ミリ二門、一二・七ミリ四梃装備のF6F－5Nだ。機首に白いペンキで「黒い死神《ブラック・デス》」と書きこんでいるが、いまだ日本機の「死神」になったことはなかった。武器、燃料とも異状なし。

伊江島の地上管制官に連絡する。無線電話を使うと自動的に出る味方識別信号を、確認した管制官の返事が、イヤホーンに響く。

「ハロー、ハンディマン（管制官）からトパーズ1（ポーター機）へ。ベクター一二〇、エンゼル一〇（方位と高度を示す）で上空哨戒にかかれ。指定高度に達したら報告されたい。どうぞ」。エンゼル一〇は高度一万フィート（三〇五〇メートル）の意味だ。

「トパーズ1からハンディマンへ。エンゼル一〇に到達。哨戒飛行を始める。今夜はどんなものだろう」と会敵の可能性を聞いてみる。

「まったく静かだ。なにも起こりそうにないよ」

空は黒くすみわたり、眼下に地上部隊の戦闘がチカチカ光る。そのまま五〇分ほども飛んでいると突然、管制官の声が入った。

「ハロー。敵らしき不明機一機。十時方向、距離三〇マイル（約五〇キロ）。エンゼル一三だ。敵速一七〇ノット（三一五キロ／時）。以上」

F6F-5Nを背にした第542海兵夜戦飛行隊長ロバート・B・ポーター少佐。昼夜合計で5機撃墜。

動悸《どうき》が激しくなる。相手は九〇〇メートルほど上空だ。増槽を切り離し、エンジン全開で上昇する。管制官はじりじり縮まる距離を教えてくれた。「十一時方向、距離三マイル（五キロ）。針路を一一〇度に。目標が（F6Fのレーダーの）スクリーンに入るぞ！今だっ」

それまでAPS－6レーダーのスイッチは入れていたが、スコープはオンにしていなかった。眩惑を防ぐためだ。スコープが軽い音をたてて灯《とも》ると、頂上にオレンジ色の輝点《ブリップ》が出た。敵機は直前方だ。管制官の指示はまさに正確だった。

「トパーズ1からハンディマンへ。触接《コンタクト》！」

敵はそのまま直進している。高度差と距離が詰まるのが、スコープの輝点で手に取るように分かる。距離を一〇〇メートルからさらに詰める。敵は二式複戦《ニック》だ。真後ろ、距離九〇メートルで機関砲と機関銃を斉射。主翼に火が見え、ついで胴体が火に包まれて、二式複戦は右へ傾いて落ちていった。この間わずか二秒。四機目の確実撃墜だ。

管制官の声。「二一一八（午前九時十八分）に敵影がスコープから消えた。よくやったね」沖永良部《おきのえらぶ》島の上空あたりだった。一時間ちょっとたってから、やや西よりの空域でこんどは一式陸攻《ベティ》を仕留めた。ポーターはF４U時代の昼間三機と合わせて、五機確実撃墜のエースになったのだ。

日本側の資料には、彼の戦果に該当する出動機が見つからない。九州方面が天候不良で、沖縄へ向かったのは六三四空・偵察第三〇一飛行隊の「瑞雲」水偵二機だけが分かっているが、双発機とは形状が異なり（双フロートをエンジンナセルと見間違える可能性がなくはないが）、また両機とも奄美大島の基地に帰投した。あるいは公式記録が失われた部隊の機だったのかも知れない。

第542海兵夜戦飛行隊は七月の、第533は八月の戦果がなく、この最後の二ヵ月のあいだ、第543がそれぞれ八機、二機とコンスタントに戦果をかせいだ。そして八月八日第542海兵夜戦飛行隊のウィリアム・E・ジェニングス少尉機が、残波岬の北北東で午前三時八分に三式戦(液冷「彗星」の誤認。芙蓉部隊・戦闘九〇一飛行隊の中野増男上飛曹―清水武明少尉機)の撃墜を報じて、F6F夜戦の四ヵ月にわたる沖縄での空戦記録を閉じた。

海兵隊の専用空母

以上、述べてきた海兵隊のF6F夜戦飛行隊は、いずれも陸上基地から作戦した。ところが、海軍の向こうを張るように、専用の空母を与えられ、作戦航海に入ったF6F-5N装備部隊があった。

陸上基地専門の海兵隊戦闘機が、一九四四年の後半に正規空母に便乗したのは、海軍戦闘飛行隊の数が足りないからにすぎなかった。これとはまったく別に、上陸作戦を行なう海兵隊地上部隊を海軍の母艦機が直接支援していたのを、海兵隊機にやらせてはどうか、との考えが一九四四年のなかばに出てきた。つまり、海兵飛行隊を専用の護衛空母に載せて、それらの機に上陸部隊の掩護をさせれば、海軍の母艦飛行隊はもっと有効な進攻作戦に使える、というわけである。

一九四四年十月には海兵空母飛行群の組織が作られ、一個飛行群は戦闘機と攻撃機の各一個飛行隊で構成されることに決まった。ついで一九四五年二月に、その一番手・第1海兵空母飛行群(MCVG-1)に護衛空母「ブロック・アイランド」が割り当てられた。同飛行

1945年５月10日、第511海兵戦闘飛行隊のF6F-5Nが護衛空母「ブロック・アイランド」からのカタパルト発艦にかかる直前。

群の戦力は、F6F-5N夜戦八機およびF4U-1D昼戦八機、F6F-5P写真偵察戦闘機二機からなる第511海兵戦闘飛行隊と、TBM-3「アベンジャー」攻撃機一二機の第233海兵雷爆撃飛行隊（VMTB-233）で、昼夜を問わず上陸部隊を支援しうる内容になっていた。

前述の沖縄航空戦に参加した第542、第543海兵夜戦飛行隊の後続部隊として、第544海兵夜戦飛行隊があった。結局は本国で訓練中に終戦を迎えたこの部隊は、第511海兵戦闘飛行隊の「ブロック・アイランド」への配備が決まると、練度の向上したパイロットを選んで第511へ転属させた。

以後、一ヵ月に一つずつ、計四個の飛行群と護衛空母の組み合わせが決まっていく。第2海兵空母飛行群は第512海兵戦闘飛行隊と第143海兵雷爆撃飛行隊で構成され「ギルバート・アイランズ」に、同様に第3は第513と第234で「ベラ・ガルフ」に、第4は第351と第132で「ケイプ・グロースター」に搭載が決まった。各飛行隊の装備機種と機数は同じである。

四隻のうち「ブロック・アイランド」と「ギルバート・アイランズ」は、沖縄戦に加われた。ともに五月中旬に作戦を開始、地上支援を主体にしたが、第512海兵戦闘飛行隊は五月三十一日の午後、慶良間《けらま》列島の南西洋上で百式司令部偵察機を落とし、唯一の撃墜を記録した。第511海兵戦闘飛行隊のあげた、これも唯一の撃墜は、沖縄戦終了後の七月三日早朝、ボルネオのバリクパパン南方での零式水偵だった。

「ベラ・ガルフ」は七月にサイパン島着、八月に入って沖縄海域に進出したときは、もう活躍の場がなかった。

四番目の「ケイプ・グローセスター」は、機雷敷設と施設攻撃の支援のため東シナ海に出て、七月六日から八月五日までに百式司偵、零式輸送機など五機を撃墜した。このうち、七月二十三日に空冷型「彗星」一機、八月五日に「銀河」一機の昼間戦果を報じたのが、グッドイヤーFG－1D「コルセア」(F4U－1Dのグ社転換生産機)に搭乗した第351海兵戦闘飛行隊長のドナルド・K・ヨスト中佐。彼は一九四二年末、激戦のソロモンでF4Fにより零戦六機を落としたエースだったが、夜間戦果を得る機会はやってこなかった。

ヨスト中佐の戦果を除く、第511、第512、第351の三個海兵戦闘飛行隊の撃墜計五機は、いずれも早朝から夕方に入る前のあいだの昼間空戦で記録されている。したがって、F4U－1D／FG－1DかF6F－5Nか、あるいはF6F－5Pのどれの手柄なのか分からない。第511の一機と第351の二機目(百式司偵)が早朝だから、F6F－5Nの可能性が比較的に強いといったところか。

蛇足だが、英海軍に供与されたF６F－５Nと同型機、すなわち「ヘルキャット」NFⅡ型八〇機で編成の、第891と第892の二個飛行隊は、実戦には間に合わず、機材は一九四六年まで部隊装備ののちアメリカに返却された。


米海軍と海兵隊のF６Fが撃墜を報じた日本機は、実に五一五六機。もちろん多数の誤認や重複を含んでおり、実数は三〇～四〇パーセントといったあたりだろう。このうち、レーダー付きのF６F（－３N、－５N、－３E、－５E）を主力にした計一一個の夜戦飛行隊の確実撃墜は二二五機。ほかに不確実撃墜が一二機ある。また、ふつうの戦闘飛行隊に付加されたF６F夜戦の戦果が加われば、確実撃墜は三〇〇機に届くはずだ。

三〇〇機の約七割を夜間（薄暮から黎明まで）の撃墜とみて、二〇〇～二一〇機。昼間よりは少ない〝水増し〟をしぼって、一四〇～一五〇機が実数とすれば、「夜のヘルキャット」はやはり地獄の使者だったと評するべきだろう。

〔海軍と海兵隊の夜戦飛行隊の戦果〕

▶海軍	撃墜	不確実	撃破	順位
VF(N)-41	46	3	3	①
VF(N)-75＊	7	2	0	
VF(N)-76	37	2	0	②
VF(N)-77	8	0	0	⑤
VF(N)-78	2	0	2	⑥
VF(N)-90	31	2	0	③
VF(N)-91	9	2	0	④
VF(N)-101＊	5	1	3	

▶海兵隊	撃墜	不確実	撃破	順位
VMF(N)-531＊	12	0	0	
VMF(N)-532＊	2	1	0	
VMF(N)-533	35	1	0	①
VMF(N)-534	1	0	0	⑤
VMF(N)-541	23	1	1	②
VMF(N)-542	18	0	0	③
VMF(N)-543	15	1	0	④

▷海軍／海兵隊の全夜間戦闘飛行隊を列記した。F6F夜戦を装備しても昼間用の戦闘飛行隊は含まない。

▷VF(N)-41は第41夜戦飛行隊，VFM(N)-531は第531海兵夜戦飛行隊を示す。

▷＊の付いた飛行隊はF6F以外の夜戦を装備する。VF(N)-75，VF(N)-101，VMF(N)-532はF4U-2，VMF(N)-531はPV-1で戦った。

▷「撃墜」は確実撃墜，「不確実」は不確実撃墜を示す。撃墜，撃破とも夜間と昼間の合計。VMF(N)-533は不確実0，撃破1とする資料もある。

▷「順位」は海軍と海兵隊とを分け，F6F夜戦装備の飛行隊だけに付けた。

〔F6F夜戦の夜間エース〕

	所属飛行隊	撃墜	昼間	5機目撃墜
ウィリアム・E・ヘンリー大尉 25歳。もと艦爆乗り。夜間撃墜の3機は二式飛行艇。他に一式戦の昼間不確実撃墜1機	VF(N)-41	6.5	3	1944.11.19
ロバート・ベイアード大尉 23歳。零式水偵を除く5機が双発大型機。一式陸攻3機，九六陸攻，「銀河」各1機	VMF(N)-533	6	0	1945.6.22
ジョン・オース少尉 23歳。「月光」2機と一式陸攻4機の双発機キラー。陸攻3機を一夜70分間で撃墜	VF-9	6	0	1945.5.4
ジャック・S・バークハイマー少尉 1944年12月16日にルソン島で未帰還。20歳。二式3機，九七式1機の飛行艇夜間キラー	VF(N)-41	5.5	2	1944.11.19
ロバート・J・ハンフリー中尉 21歳。夜間撃墜は百式輸送機，二式飛行艇，「天山」，一式陸攻，「瑞雲」が各1機	VF-17	5	0.33	1945.5.24

▷夜間のみ5機以上の撃墜者。昼間戦闘飛行隊に所属の夜戦パイロットを含む。
▷「撃墜」は夜間撃墜，「昼間」は昼間撃墜を示す。
▷「5機目撃墜」は夜間のみによる達成年月日。
▷階級とコメントの年齢は最終撃墜時または戦死時を示す。

◀グラマンF6F-5N「ヘルキャット」データ▶

〈寸度〉 全幅：13.06m（主翼展張時），4.93m（主翼折りたたみ時），全長（水平姿勢）：10.24m，全高（水平姿勢）：3.99m，主車輪間隔：3.35m，主翼面積：31.0㎡

〈重量〉 自重：4273kg，全備重量：5980kg

〈動力〉 エンジン：プラット・アンド・ホイットニー R-2800-10W（「ダブル・ワスプ」。空冷18気筒，離昇出力：2000馬力，1975馬力／高度5150m）×1，プロペラ：ハミルトン・スタンダード定回転３翅（直径3.99m），機内燃料容量：496ℓ，機外燃料容量（落下式増加タンク）：568ℓ，潤滑油容量：72ℓ

〈性能〉 最大速度：589km／時／高度7070m，巡航速度：267km／時，初期上昇率：870m／分，実用上昇限度：11190m，航続距離：1420km（機内燃料のみ），2030km（増槽装備時）

〈兵装〉 ブローニング12.7mmM２機関銃×６（弾数計2400発）。またはイスパノ20mmM２機関砲×２（弾数計250発）および12.7mm機関銃×４（弾数計1600発），爆弾：合計907kg

〈乗員〉 １名

あとがき

大海原や大陸の上空で、敵味方の飛行機がくり広げる攻防戦。なかでも制空権を争う戦闘機対戦闘機の鍔《つば》ぜり合いや、空母機動部隊が放つ艦上機同士の激突は、蒼穹《そうきゅう》の決戦と呼ぶにふさわしい。

だが、航空戦は多様で多彩だ。自動火器や爆弾で相手を撃ち破る飛行機乗りたちの行動のほかに、目を向けるべき分野はいくつもある。

空の闘いを支える地上での〝航空戦〟は、刹那《せつな》的な華々しさには欠けるかも知れないが、広範囲できわめて重要な要素にあふれている。設計、生産、整備の充実がなければ、航空兵力など画餅にすぎないことは、読者のどなたにもお分かりいただけよう。

敵に勝てる新型機を案出し、あるいは改良に邁進《まいしん》する技術者。より多くの飛行機を作り、懸命《けんめい》に部隊へ送り出す、製造従業員や完成機のテストパイロット。前線で機器材の稼働と保守に打ちこみ、ときには創意工夫で新たなメカニズムを生み出す整備関係者。彼らが守備範囲とするフィールドは限りなく広大で、あたかも大部分が海面下に存在する氷山を思わせる。

太平洋戦争中、とりわけその末期に日本で、どんな人物がこの分野に関与し、どんな方法、システムによって作業が進められたかを、諸種の角度から示したのが次の六編だ。

〈チーフデザイナーとの接点〉掲載誌＝「航空ファン」二〇〇四年十月号（文林堂）
〈三型に携わって〉掲載誌＝「航空ファン」二〇〇七年五月号（同）
〈半田に青春ありき〉掲載誌＝「航空ファン」二〇〇六年四月号（同）
〈生産を戦力に結ぶ者〉掲載誌＝「航空ファン」二〇〇四年八、九月号（同）
〈軍偵と排気管〉掲載誌＝「航空ファン」二〇〇五年四月号（同）
〈再生零戦今昔物語〉掲載誌＝「航空ファン」二〇〇九年八月号（同）

航空兵力で技術といえば、機器材におけるものと戦法におけるものがある。どちらも昼間戦闘機に関する内容が数多《あまた》の記述によって知られ、爆撃機や攻撃機についてがそれに次ぐ。著者は偏屈な性格ゆえか、関心を持たれにくい対象に首を突っこみがちで、ついつい余計な苦労をしょいこんでしまう。労多くして功少ないのがトレードマーク、と自認せざるを得ない執筆スタイルを変えずに来た。

次の三編には、テクノロジーとテクニックの駆使を要するけれども、戦いとしては〝裏街道〟の域を出ない、地道な努力を綴《つづ》ってある。前の六編が関係者への直接取材を軸にしているのに対し、こちらは主に資料を渉猟してまとめた。

〔ドロナワ式対潜作戦始末〕掲載誌＝「丸」一九九一年八月号（潮書房）、初収録＝「大空の攻防戦」一九九二年三月刊（朝日ソノラマ）
〔各国偵察機、実力くらべ〕掲載誌＝「丸」一九九一年三月号（同）、初収録＝「大空の攻防戦」同（同）
〔夜の「ヘルキャット」〕初収録＝「大空の攻防戦」同（同）

著者のこうした短編集は現在、文春文庫版で刊行されている。このたびNF文庫のお世話になったのには、理由が二つある。
一つは内容的にやや地味（私自身はそうとは思わないが）と受け取られかねず、戦記、戦史通の読者が多いこの文庫に向いている気がしたため。もう一つは、著者の人生設計上、航空関係の著作を、なるべく早い時期に出し終えようと決めたためだ。担当編集者の藤井利郎さん、ひいては光人社の了解を得られたことは、誠にありがたい。

二〇一〇年一月

渡辺洋二

NF文庫

空の技術 新装版

二〇二〇年四月二十四日 第一刷発行
著 者 渡辺洋二
発行者 皆川豪志
発行所 株式会社 潮書房光人新社
〒100-8077 東京都千代田区大手町一-七-二
電話/〇三-六二八一-九八九一代
印刷・製本 凸版印刷株式会社
定価はカバーに表示してあります
乱丁・落丁のものはお取りかえ致します。本文は中性紙を使用
ISBN978-4-7698-3164-8 C0195
http://www.kojinsha.co.jp

NF文庫

刊行のことば

第二次世界大戦の戦火が熄《や》んで五〇年——その間、小社は夥しい数の戦争の記録を渉猟し、発掘し、常に公正なる立場を貫いて書誌とし、大方の絶讃を博して今日に及ぶが、その源は、散華された世代への熱き思い入れであり、同時に、その記録を誌して平和の礎とし、後世に伝えんとするにある。

小社の出版物は、戦記、伝記、文学、エッセイ、写真集、その他、すでに一、〇〇〇点を越え、加えて戦後五〇年になんなんとするを契機として、「光人社NF（ノンフィクション）文庫」を創刊して、読者諸賢の熱烈要望におこたえする次第である。人生のバイブルとして、心弱きときの活性の糧《かて》として、散華の世代からの感動の肉声に、あなたもぜひ、耳を傾けて下さい。